やさしく知りたい先端科学シリーズ4

フィンテック
FinTech

大平公一郎

創元社

はじめに

皆さんは、外食や買い物をするときに、うっかりお金の持ち合わせがなく、近くにATMもないという困った状況に陥ったことはありませんか。また、それが最近であれば、「スマートフォンで支払いができて助かった」という経験もあるのではないでしょうか。

このように、日常生活になくてはならない「お金」とそれを動かすしくみである「金融」を、スマートフォンやインターネットなど、新しい「デジタルテクノロジー」を使って便利にする「フィンテック」（FinTech）は、今、少しずつ私たちの生活の中に溶け込みはじめています。

一方、「フィンテック」という言葉だけでは、それがどういうものなのかよくわからないのも当然です。本書では、決済や融資・資産運用・仮想通貨など、フィンテックの主要な領域について解説をすることで、全体像を把握していただけるように心がけています。また、フィンテックでは、創業から数年程度しか経たないけれどもデジタルテクノロジーに精通したスタートアップ企業が大きな役割を担うなど、フィンテックを取り巻くエコシステムのあり方を理解することも重要なポイントです。

フィンテックの普及は日本だけで進んでいるわけではありません。むしろ、金融インフラの整備が遅れていた新興国のほうが、スマートフォンを活用したフィンテックサービスが急速に進んでいます。また、ICTの分野で世界のリーダーとも言える米国や、キャッシュレス決済で先行する北欧諸国など、さまざまな国や地域のフィンテック利用の状況を知ることは、日本のフィンテックのあり方を考えることにつながるでしょう。

フィンテックによって、金融サービスは早く、便利になっていきます。一方で、プライバシーの保護やセキュリティ対策などの大きな課題も抱えることになります。読者の皆さんが、これからのフィンテックサービスについて考え、また、課題の解決に取り組む際に、本書がその一助になれば幸いです。

2019年4月　大平公一郎

Contents

はじめに……003

Chapter 1 新しいテクノロジーを活用した金融「フィンテック」

- Section 01 すでに身近にある「フィンテック」……010
- Section 02 フィンテックを構成する主要分野……012
- Section 03 「スタートアップ企業」がメインプレイヤー……014
- Section 04 フィンテックは「X-Tech」の代表格……016
- Section 05 フィンテックに重要なテクノロジー……018
- Section 06 フィンテック普及につながる社会背景……024
- Section 07 フィンテック導入のメリット……030

用語解説……032

Chapter 2　フィンテックによる金融サービス革新

Section 01	キャッシュレスに向かう決済……034
Section 02	キャッシュレス化のメリット……036
Section 03	ICカードを利用した決済……038
Section 04	スマートフォンやタブレット端末を利用した決済……040
Section 05	音声へ移るeコマース市場と決済……044
Section 06	無人化する店舗と決済……046
Section 07	シェアリングエコノミーと決済……048
Section 08	フィンテックによる資金調達方法の変化……050
Section 09	オンラインレンディング……052
Section 10	信用スコア……054
Section 11	クラウドファンディング……056
Section 12	ロボアドバイザー……058
Section 13	海外送金サービス……062
Section 14	仮想通貨……066
Section 15	ブロックチェーン……070
Section 16	ICO（イニシャル・コイン・オファリング）……074

用語解説……076

Chapter 3 フィンテックのエコシステム

- Section 01　ビジネスにおけるエコシステム……078
- Section 02　スタートアップ企業……080
- Section 03　GAFAの取り組み……084
- Section 04　新興国のSuper Apps……086
- Section 05　既存金融機関の動き……090
- Section 06　銀行のオープンAPI……094
- Section 07　アクセラレーターとインキュベーター……096
- Section 08　政府・監督機関の対応……100

　　　　　用語解説……104

Chapter 4 世界で広がるフィンテックの利用

- Section 01　米国のフィンテック事情……106
- Section 02　中国のフィンテック事情……112
- Section 03　欧州のフィンテック事情……118
- Section 04　日本のフィンテック事情……124

　　　　　用語解説……130

DENMARK
FINLAND
UK

CHINA

USA

Chapter 5 新しいテクノロジーを活用した保険「インシュアテック」

- Section 01　保険のしくみ……132
- Section 02　インシュアテックとは……136
- Section 03　デジタル化による業務プロセスの改善……138
- Section 04　IoTと保険……142
- Section 05　インシュアテックと新しい保険の形……148

　　　用語解説……154

Chapter 6 フィンテックがもたらす新しい金融と社会

- Section 01　決済に気づかない世界……156
- Section 02　信用スコア社会と高速融資……158
- Section 03　いつでもどこでも何にでも保険……160
- Section 04　金融データが生み出す新しいサービス……162
- Section 05　仮想通貨とブロックチェーンの未来……164
- Section 06　プライバシー確保とセキュリティは大きな課題……166

　　　さくいん……170
　　　参考書籍・写真提供……174

新しいテクノロジーを活用した金融「フィンテック」

スマートフォンやクラウド、ビッグデータ、AIなどの
技術革新に支えられたフィンテックサービスは、
社会的背景という追い風の中、急速に広がっています。

Chapter [1]
Section [01]

すでに身近にある「フィンテック」

金融×技術＝フィンテック

「ファイナンス」（Finance）と「テクノロジー」（Technology）を組み合わせた造語「フィンテック」（FinTech）という言葉は、一般の人にはまだ馴染みがなく、何か最新のテクノロジーで、一部の人たちだけが利用しているというイメージを持つかもしれません。しかし実は、私たちはすでに普段の生活の中でフィンテックを利用しているのです。

皆さんは買い物をするとき、どのようにして支払いをするでしょうか。日本では、多くの人は紙幣や硬貨を使って現金で支払うと思います。しかし最近では、クレジットカードやSuica（スイカ）、ICOCA（イコカ）のようなICカードで電子マネーを使う方も多くなっています。ポイントが貯まるお得さも、カードや電子マネーの利用を後押ししているでしょう。さらには、「Apple Pay」（アップルペイ）や「Google Pay」（グーグルペイ）など、スマートフォンを使って支払いをする人も増えてきています。こうした現金を使わずICカードやスマートフォンを使って支払うしくみは、代表的なフィンテックなのです。

フィンテックによる素早く、安全な決済

では、現金を使って支払う場合とICカードやスマートフォンを使って支払う場合の大きな違いはどこにあるでしょうか。

消費者が店舗で買い物をして現金で支払う場合、店舗はまず代金をレジの中にしまうでしょう。ある程度の金額が貯まったところで、自らが銀行に持っていく、もしくは専門の業者に回収してもらい、銀行に預けるという流れになります。よって、現金を受け取ってから銀行口座にお金が入るまでに長い時間がかかり、現金を途中でなくしてしまうことや、盗まれてしまうといった危険もあります。

一方、消費者がICカードやスマートフォンを使って支払いをした場合はどうでしょうか。

店舗のレジに備わっている読取機を使って支払いをすると、支払った金額データがネットワークを通じてクレジットカード会社や電子マネーを運営する企業に瞬時に送られます。支払いから銀行口座にお金が振り込まれるまでの時間も短縮することが可能になり、途中でなくすといったリスクもなくなります。

これまでも、銀行などの金融機関は社内の効率化のためにICT（Information and Communication Technology）投資を積極的に行ってきました。しかしフィンテックでは、金融機関の内部にとどまらず、一般の消費者・店舗・企業などがインターネットやスマートフォンを利用し、デジタル化されたネットワークでつながることで、素早く、安全に利用できるようになっていることが大きな特徴なのです。

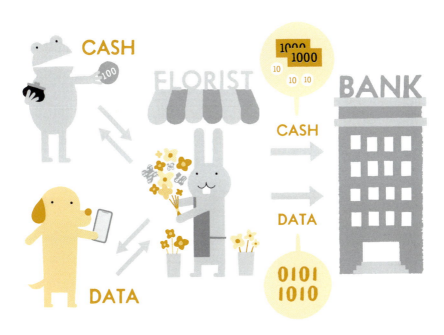

Chapter [1]

Section [02]

フィンテックを構成する主要分野

身近な金融サービスがフィンテックの対象

前節では、フィンテックの例として、店舗での支払いのシーンを取り上げました。モノやサービスの購入と支払いを「決済」と言いますが、特に決済のキャッシュレス化はフィンテックの中でも多くの人や企業が関心を寄せている分野です。そしてフィンテックの主な分野には、「決済」以外に「融資」「資産運用」「送金」「家計管理」「仮想通貨」などがあります。

融資では、インターネットを駆使して情報収集をし、個人や企業と投資家を直接に結びつける**オンラインレンディング**(→P.052)が、銀行に代わって人々の資金需要に応えています。

資産運用では、投資家それぞれに適した投資プランのアドバイスを提供したり、自動で運用までしてくれる**ロボアドバイザー**(→P.058)が利用されています。

送金は、日本ではあまり馴染みがない**海外送金**(→P.062)について、手数料を安く、早く行うことができるフィンテックサービスが欧米などで普及しています。また、友達同士などで、気軽にスマートフォンのアプリを通じて送金ができる、**P2P（Peer to Peer）送金サービス**(→P.040)も利用者が増えています。

家計管理は、PFM（Personal Financial Management）とも呼ばれ、複数の銀行口座や証券口座、クレジットカードなどの利用履歴（収入・支出・残高など）を集約し、パソコンやスマートフォンのアプリから一覧できるようにするサービスです。日本では、マネーフォワードやマネーツリーが家計管理サービスを提供しており、すでに利用している方もいることでしょう。

「ビットコイン」に代表される**仮想通貨**(→P.066)は、強制通用力（金銭債務の弁済手段として用いることができる法的効力）を有する法定通貨ではありませんが、インターネット上で広く普及し、活発に取引されています。

このように、フィンテックの多くは、従来から存在していた金融サービスですが、新しいデジタルテクノロジーを利用することで、もっと便利に、安く使えるようにしたということが特徴なのです。

フィンテックの主要分野

デジタルテクノロジーによる便利で安く使える金融サービスが誕生している

Chapter [1]
Section [03]

「スタートアップ企業」が
メインプレイヤー

特定の分野や技術に特化するスタートアップ企業

フィンテックのもうひとつの大きな特徴は、金融機関以外のさまざまな企業が金融ビジネスを手掛けるようになったことです。特に目立っているのは、以前は「ベンチャー企業」と呼ばれた創業から数年程度の「スタートアップ企業」で、経営陣や従業員が比較的若く、ICT に詳しい人が多いことなども強みになっています。

フィンテックの対象となる金融サービスは、決済・融資・送金などですが、これまではひとつの銀行がこれらのサービスをすべて提供することが一般的でした。一方、フィンテックのスタートアップ企業は、決済だけ、融資だけ、というように、特定の分野に特化した金融サービスを提供することが多くなっています。もしくは、セキュリティなど特定の技術に特化するスタートアップ企業もあります。このように、特定の分野や技術に特化することで、より効率よく、コストも安く、サービスを提供することが可能になるのです。

また、銀行などの金融機関には、自らの組織の中に ICT システムを構築する組織を十分に持たないところも多くあります。一方、フィンテックのスタートアップ企業は、自ら ICT システムを構築し、顧客にサービスを直接提供するところも多く、顧客のニーズに合わせて ICT システムを素早く進化させられることも強みになっています。

既存金融機関の破壊者からパートナーへ

こうしたことから、フィンテックという言葉が世に広く知られるようになった2015年頃には、「フィンテックのスタートアップ企業は、銀行など既存金融機関の破壊者である」という見方が強まりました。2015年4月に米国の大手銀行JPMorgan Chase（JPモルガン・チェース）のCEOジェームス・ダイモン氏が、「Silicon Valley is coming」（シリコンバレーがやってくる）とコメントしたことは大変有名で、当時の金融機関の懸念を如実に表していたと言えます。

しかし最近では、多くの金融機関はスタートアップ企業を重要なパートナーと考えて、提携などによってスタートアップ企業が開発した技術やサービスを取り込もうとしています。それにより、金融機関が自分ですべてを開発するよりも、必要なサービスをより早く提供することができるようになるのです。

フィンテック分野別スタートアップ企業の例

決済・融資・送金など、特定の分野に特化した金融サービスを提供するスタートアップ企業が誕生している

Chapter [1]
Section [04]

フィンテックは「X-Tech」の代表格

デジタルテクノロジーによる新しい価値やしくみの提供

皆さんは「X-Tech」という言葉をご存知ですか。

X-Techは「クロステック」「エックステック」と呼ばれ、○○× ICT（テクノロジー）の造語として誕生した言葉の総称です。ICT化がまだ十分に進んでいない産業において、積極的にデジタルテクノロジーを利用するスタートアップ企業など、今まで業界には存在していなかった企業が参入して、新しい価値やしくみを提供する動きと言えるでしょう。

X-Techには、さまざまな種類がありますが、その中の代表格が「フィンテック」です。金融関係分野では、フィンテックに加えて、保険×テクノロジーの**「インシュアテック」**(→P.136)、規制×テクノロジーの「レッグテック」などが深い関わりを持っています。

さまざまな X-Tech

金融関係以外の分野を少し見てみると、農業×テクノロジーの「アグリテック」では、センサーによる農地の情報収集・分析や農業用ロボットなどを使うことによって、収穫率を高め、作業効率を向上させています。今後、高齢化に悩む農業の支えになることが期待されています。

教育×テクノロジーの「エドテック」では、遠隔地でも教育が受けられるオンライン講義などを導入することで、教師不足などで今まで教育を十分に受けられなかった地域にも、教育機会を提供することを可能にすると考えられています。

ヘルスケア×テクノロジーの「ヘルステック」では、インターネットを使った遠隔治療や、リストバンド型やメガネ型などのウェアラブル端末の装着による身体データの収集・分析などが行われています。このウェアラブル端末の活用は、インシュアテックとも深く関わりを持ってきます。

このように、金融関係以外の幅広い分野でも、新しいデジタルテクノロジーを利用することで、もっと便利に、安く、サービスを使えるようになりたいという思いが、新しいビジネスを生み出しているのです。

代表的なX-Tech

公式 **既存産業分野 × Technology = X-Tech**

金融	Finance × Technology = FinTech（フィンテック）
保険	Insurance × Technology = InsurTech（インシュアテック）
広告	Advertisement × Technology = AdTech（アドテック）
農業	Agriculture × Technology = AgriTech（アグリテック）
教育	Education × Technology = EdTech（エドテック）
ヘルスケア	Healthcare × Technology = HealthTech（ヘルステック）
人材	Human Resource × Technology = HRTech（エイチアールテック）
医療	Medical × Technology = MedTech（メドテック）
不動産	Real Estate × Technology = RETech（リーテック）
規制	Regulation × Technology = RegTech（レッグテック）
スポーツ	Sport × Technology = SportTech（スポーテック）

Chapter	1
Section	05

フィンテックに重要なテクノロジー

スマホの機能をフル活用するフィンテック

ここでは、フィンテックやその他のX-Techの発展に大きな役割を果たしているデジタルテクノロジーについて見ていきましょう。

まず、さまざまなテクノロジーがある中で、特に大きな役割を果たしているのが、スマートフォンやタブレット端末だと考えられます。パソコンでは重くて持ち運びに不便で、街中どこでも使えるというわけにはいきません。また、スマートフォン以前の携帯電話では、複雑な金融取引を処理するには、性能やインターフェースが不十分だったと言えます。

スマートフォンの特徴に、さまざまなアプリをダウンロードして利用できることがあります。生活の中で便利に使えるフィンテックサービスを、企業がアプリを通じて提供できれば、利用者は簡単にそのサービスを使うことができるのです。

スマートフォンに搭載されたカメラを利用したQRコード(→P.032)決済や、スマートフォンをかざして通信するNFC(Near Field Communication)(→P.032)機能を備えている場合には、NFCを利用したキャッシュレス決済も可能です。さらに、Bluetooth(ブルートゥース)(→P.032)でウェアラブル端末をつないでサービスを提供するなど、スマートフォンに備わっている多様な機能を活用したフィンテックサービスが誕生しています。

金融機関を選ぶ視点も大きく変化

このように、フィンテックサービスがスマートフォンを通じて提供されることが当たり前になると、それを提供する金融機関の競争方法も大きく変化します。

たとえば、これまで日本で銀行口座を開くときの決め手は、「家や会社の近くに支店やATMがあるかどうか」だったのではないでしょうか。しかし、スマートフォン上で銀行のサービスを利用するようになると、支店やATMの場所はあまり選択の決め手にはならなくなるでしょう。むしろ、スマートフォンのアプリの使いやすさやわかりやすさが、サービスが選ばれる大きな決め手となってきます。大手金融機関が提供するアプリであっても、使いにくいものは敬遠されてしまう可能性があるのです。

さらに、金融機関に採用される人も、「使いやすいスマートフォンのアプリを設計できる人」というような需要が増加してくるでしょう。専門知識に加えて、感性も求められることになりそうです。

フィンテックサービスにつながるスマートフォン機能

スマートフォンに備わるカメラやNFC、Bluetooth機能やアプリによって、さまざまなフィンテックサービスが利用できる

雲の上から送られる金融サービス

私たちがスマートフォンを操作するとき、スマートフォン自体も情報の処理を行っていますが、処理の大部分は接続されたネットワークの先にあるサーバーで行われています。このように、端末ではなく、インターネットを経由した先にあるコンピュータの機能を利用できるテクノロジーを「クラウドコンピューティング」（クラウド）と呼びます。

個人が決済や融資、投資といった分野のフィンテックサービスをスマートフォンやパソコンから利用する場合、どの分野においてもスマートフォン単体やパソコン単体で処理が完結することはなく、インターネット上のサーバーとやり取りをしながらサービスの提供が進んでいきます。それにより、顧客と企業など、サービスに関わる人々の間での情報交換もスムーズに行うことが可能になります。

サービスを提供するスタートアップ企業にとっては、アマゾンウェブサービスなど、外部企業が提供するクラウドを利用することで、自らサーバーやストレージなどを揃えることなく、使いたい時間、使いたい量だけ利用することが可能です。起業当初は少ない容量を利用し、事業規模の拡大につれてシステムをスケールアップすることも比較的容易にできるのです。

さまざまなデータをフィンテックに活用

クラウドは、フィンテック以外でも広く普及しています。Gmail などのメールサービス、Facebook や Twitter といったソーシャルネットワーキングサービス（SNS）は、私たちが身近に利用しているクラウドサービスです。

このように、私たちが身近に利用しているサービスがクラウドを使って提供される中で、SNS にあげられる個人の趣味嗜好や、e コマース（→P.032）での買い物履歴、支払い状況、家計簿アプリの情報など、これまで集めることが難しかった情報がインターネット上に集まるようになってきています。こうした大量のデータは「ビッグデータ」と呼ばれ、このデータを収集・蓄積・分析しフィンテックサービスに活かす、たとえば融資の判断などに使うことが増えています。

フィンテックサービスに活かされるビッグデータ

クラウド上に集まったさまざまな情報を、金融機関や企業、ロボアドバイザーなどが収集・蓄積・分析して、フィンテックサービスに活用している

大量のデータを素早く客観的に分析

最近のICT業界で最も注目を集めているテクノロジーは「AI」(人工知能)です。AIはコンピュータプログラムですが、ビッグデータを処理して、そこから法則性を見いだすことができます。そして、自ら状況を判断し、人間の指示がなくとも意思決定を行うことができるのです。

フィンテックでは、AIはどのように使われているのでしょうか。代表的なのは、融資を行う際の与信判断でしょう。これまで銀行の融資では、個人であれば職業や収入、企業であれば土地などの担保評価や財務バランス、キャッシュフローなどを、審査の経験を持つ銀行員が分析し、判断してきました。

一方、インターネットを活用したオンラインレンディングでは、顧客から入手した情報やeコマースの売買履歴といったデータ、経済や業界に関わるデータなど、多種多様なビッグデータを集めて分析し、融資可能な上限額や金利などをAIが提示するのです。

また、投資の分野では、ロボアドバイザーが活躍しています。投資家がインターネット上で資産総額や収入、運用期間、リスクに対する考え方などを入力すると、AIがさまざまな投資商品の中から、投資家の状況や考え方に沿った投資ポートフォリオをつくり、提案してくれるのです。

コンピュータが金融の窓口へ

現在のAIの進化では、特に「機械学習」「ディープラーニング」といった技術が注目されています。これらの技術がもたらした大きな変化は、コンピュータが画像を認識し、人間の言葉を聞き話すことができるようになった点にあるのではないでしょうか。こうした画像の識別や音声の識別は、これまで人間が行ってきた金融に関わる作業をコンピュータで置き換えることを可能にしています。

AIによる音声の識別を金融サービスで利用している例を見てみましょう。

金融サービスを利用する中で、いろいろとわからないことが出てくることは多いと思います。ただ、ちょっとした質問で混んでいる支店の窓口に並ぶのは大変ですし、インターネットやスマートフォンを使って調べても、回答にたどり着けないといったことはよくあるでしょう。

そうした課題の解決策として、AIによる音声での応答サービスが注目を集めています。実際に、みずほ銀行ではAmazonが発売するAIスピーカー「Alexa」（アレクサ）を利用し、残高照会などの問い合わせに対して返答をするサービスを展開しています。今は比較的簡単な内容の受け答えにとどまっているかもしれませんが、AIがさらに進化するにつれて、より複雑な金融取引に関するやり取りもAIスピーカーを通じて行われるようになるでしょう。

金融機関のコールセンターでも、会話のテキスト化や適切な回答の選択といったことをAIが行う事例が出てきています。また、画像認識は、保険の分野（インシュアテック）において、事故の診断などに利用されます。さらに、画像認識を活用することによって、店舗での決済のあり方も大きく変わろうとしています。

このように、これまでは人間が行っていたさまざまな作業を、AIが代わって行うことで、より早く正確に金融サービスを提供しようとする流れは、今後ますます加速していくことでしょう。

Chapter [1]
Section [06]

フィンテック普及につながる
社会背景

金融サービスもデジタルを選好するミレニアル世代

近年のフィンテックの普及には、いくつかの社会的な背景があります。

そのひとつは、1980年代〜1990年代に誕生したミレニアル世代（Millennial Generation）が、社会の中で重要な役割を果たすようになってきたことです。この「ミレニアル世代」という言葉は米国発祥ですが、米国ではミレニアル世代が人口の約3分の1を占め、労働市場でも中核となっています。そして金融サービスにとっても、銀行口座の開設、資産運用、住宅ローンの利用などをはじめる重要な顧客層なのです。

ミレニアル世代の人々は、「デジタルネイティブ」とも言われ、幼少期からコンピュータに慣れ親しみ、インターネットにつながることを生活の一部と感じています。また、幼少期や就職前に金融危機を経験し、資産価格の下落や経済の落ち込みを見てきた世代であるため、モノを所有することへのリスク意識や費用対効果意識が高く、利便性や価格を追求する傾向が強くなっています。このような特徴を持つミレニアル世代にとっては、銀行などの既存金融機関を利用するよりも、スタートアップ企業がICTを駆使して提供するフィンテックサービスを積極的に利用することのほうが自然とも言えるでしょう。

ポテンシャルが高い新興国市場

ミレニアル世代の特徴は米国を軸に語られることが多いですが、インターネットやスマートフォンなどテクノロジーの利用は、若干の速度の違いはあっても、世界共通のトレンドと言えるでしょう。従って、ミレニアル世代に代表される若者が全人口に占める比率は、フィンテックサービスの受け入れやすさにもつながると考えられます。

世界主要国の年齢別人口構成比を見ると、日本やドイツなどは 40 歳代から 50 歳代台が最も人口の多い世代となっています。一方、中国やインド、インドネシアなど主な新興国では、ミレニアル世代やその下の 1990 年代後半から 2010 年頃までに生まれた「ジェネレーション Z」と呼ばれる世代にあたる 40 歳以下の人々の構成比が、圧倒的なボリュームゾーンになっているのです。

こうして単純に世代別の人口比率を比較して見る限り、テクノロジーへの親和性が高い若い世代の比率が高い新興国のほうが、より積極的にフィンテックサービスを受け入れる可能性が高いということが言えるでしょう。

年齢別人口構成比（2019年予測）

		19歳以下 (ジェネレーションZ)	20〜39歳 (ミレニアル世代)	40〜59歳	60〜79歳	80歳以上
先進国	米国	25.2%	**27.2**%	25.2%	18.6%	3.9%
	日本	17.3%	21.3%	**27.5**%	25.3%	8.6%
	ドイツ	17.8%	24.3%	**29.1**%	21.9%	6.8%
	英国	23.3%	25.9%	**26.3**%	19.3%	5.2%
	フランス	23.9%	23.9%	**25.8**%	20.1%	6.2%
新興国	中国	**23.1**%	29.3%	30.6%	15.1%	1.9%
	インド	**36.2**%	**32.8**%	21.2%	8.8%	1.0%
	インドネシア	**35.4**%	**31.6**%	23.9%	8.5%	0.7%
	ブラジル	**28.8**%	**32.6**%	25.1%	11.6%	1.9%
	パキスタン	**43.9**%	**32.3**%	16.9%	6.2%	0.7%
	ナイジェリア	**54.2**%	**27.9**%	13.4%	4.3%	0.2%

国際連合 World Population Prospects のデータをもとに作成

経済全体を大きく落ち込ませた金融危機

フィンテックが米国や欧州（特に英国）で発展した社会的な要因のひとつに、2008年に発生した「リーマンショック」とその後の金融危機の経験があります。

21世紀に入ってから住宅価格の値上がりが続いていた米国や欧州では、資産や収入が少ない**サブプライム層**（→P.032）の人々も高額な住宅ローンを借りて家を購入したり、住宅を担保に入れて融資を受けたりすることも一般化していました。やがて住宅価格がピークを迎えて下がりはじめると、価格上昇を見込んで借りた融資の多くが返せないという事態に陥り、貸し手である銀行に大きな損失を与えました。また融資の多くは証券化され、幅広い金融機関が所有していたため、損失もまた金融システム全体に広がり、最終的にリーマンショックへとつながりました。

大手金融機関の連鎖的な倒産を防ぐために多額の公的資金が使われる中、銀行が融資をしすぎないようにし、次の金融危機を防ごうという意見が強まりました。米国では**ドッド・フランク法**（→P.032）、国際的には**Basel Ⅲ（バーゼルⅢ）**（→P.032）といった規制が導入されています。

新しいフィンテックサービスの誕生を促した金融危機

このように、巨額な損失計上で金融機関の財務状況が悪化し、さらに規制も強化される中で、金融機関が積極的に融資や資金提供をすることが難しくなり、結果として、融資を受けたい人も融資を受けられないという事態に陥ったのです。

また、大手金融機関は巨額な税金の投入により救済されるのに対し、失業などでローンが払えない一般市民は自宅から追い出されるといった状況があり、金融機関に対する信頼は大きく損なわれていました。

このような状況の中、フィンテックのスタートアップ企業が提供する「実績には乏しいが、透明性が高く、安くて速い金融サービス」は、人々に受け入れられるようになっていったのです。

▶ リーマンショックによる金融サービスの変化

住宅バブル崩壊により、サブプライム層の住宅ローンが
返済できない事態に陥り、金融機関の損失拡大につながる

- 金融機関から一般市民や中小企業への融資の厳格化
- 一般市民や中小企業から金融機関への信頼の失墜

フィンテックのスタートアップ企業が提供する新しい金融サービスのしくみが、
一般市民や中小企業からの支持を受ける

銀行口座を持たないたくさんの人々

私たちの家や職場の近くには、郵便局や銀行の支店、ATMがあります。少し大きな駅の周辺であれば、複数の銀行が支店を構えていることも普通ですし、コンビニエンスストアにもATMが設置され、24時間365日利用できます。

しかし、世界を見渡すと、銀行の支店やATMといった金融インフラがこれほどまでに整備されている国は少ないのが現実です。インドやアフリカ諸国では最寄りにある銀行の支店にたどり着くまでに、徒歩やバスで何時間もかかる場所もあるのです。

実は、こうした状況は数字にも表れています。世界銀行によると、世界の全成人のうち、銀行口座を持っている人の比率は68.5%にとどまっています（2017年）。そのうち高所得国※の銀行口座保有率は94%であるのに対し、中所得国※は65.3%、低所得国※は34.9%となり、経済水準が低い国々では銀行口座を持たない人々のほうが多いのです。こうした国々では、決済に現金が使われ、融資は友人や知人から貸付を受けることが多くなっています。

> ※世界銀行による所得別国別分類において、1人当たりGNI（国民総所得）が12,236ドル以上の国を高所得国、1,006ドル～12,235ドルの国を中所得国、1,005ドル以下の国を低所得国とされている。

「経済の血液」とも言える金融サービスが国民に行き届いていないことは、経済成長の妨げにもなっているのです。

携帯電話が金融とつながる唯一の手段

一方、インドやアフリカ諸国など新興国でも携帯電話は大変普及しています。銀行口座の保有率が30%程度でも、携帯電話の保有率はかなり高い水準にあります。こうした国々では、携帯電話が他の人と情報をやり取りする唯一の手段であり、フィンテックという言葉が普及する以前から、携帯電話を利用してお金のやり取りをしていました。

また現在は、新興国でもスマートフォンがかなり普及しています。スマートフォンは情報処理能力が高く、アプリを通じて多様な金融サービスを提供することが可能です。

銀行の支店のような金融機関のインフラはないけれどもスマートフォンは持っている新興国で、スマートフォンを使ったフィンテックサービスが発展していくことは、極めて自然です。金融サービスを使いたいのに、金融インフラがなくて使えなかった人々が多くいる新興国では、過去に築き上げてきた金融インフラがない分、スマートフォンを活用した新しいフィンテックサービスが大変なスピードで普及しはじめているのです。

主要新興国における銀行口座保有率・携帯電話保有台数・スマートフォン利用率

		人口[1] (百万人、2016年)	銀行口座保有率[1] (2017年)	携帯電話保有台数[1] (100人当たり、2017年)	スマートフォン利用率[2] (2017年)
BRICs[3]	中国	1379	80.2%	104.6	83%
	インド	1324	79.9%	87.3	40%
	ブラジル	208	70.0%	113.0	67%
	ロシア	144	75.8%	157.9	61%
その他 新興国	インドネシア	261	48.9%	173.8	60%
	ナイジェリア	186	39.7%	75.9	56%
	メキシコ	128	36.9%	88.5	72%
	フィリピン	103	34.5%	110.4	65%
	ベトナム	93	30.8%	125.6	72%
	トルコ	80	68.6%	96.4	77%
	タイ	69	81.6%	176.0	71%
	南アフリカ	56	69.2%	162.0	60%

※1:世界銀行「World Development Indicators database」「The Little Data Book on Financial Inclusion 2018」、ITU「Mobile-cellular subscriptions」より　※2:Consumer Barometer with Googleより ※3:新興経済発展国であるブラジル(Brazil)、ロシア(Russia)、インド(India)、中国(China)の4か国の頭文字をとった総称。近年では、南アフリカ共和国(South Africa)を加えてBRICSとする場合も多い

Chapter [1]
Section [07]

フィンテック導入のメリット

自分に合った金融サービスを素早く使える

あらためて、フィンテックの利用者のメリットについて考えてみましょう。

まず、フィンテックサービスの利用者にとっては、個人の情報に基づき適切にカスタマイズ化されたサービスを受けられることが挙げられます。ロボアドバイザーなどがカスタマイズの代表例になるでしょう。

また、サービスの申し込みから実行までのスピードも向上します。オンラインレンディングや海外送金などでは、へたをすると数日かかっていた取引が1時間もかからずに実行されるようになります。銀行などからなかなか資金調達ができなかった中小企業にとっては、オンラインレンディングやクラウドファンディングの普及は資金調達の可能性やチャンスを広げます。

さらに、新興国の人々にとっては、これまで大変難しかった金融インフラへのアクセスがスマートフォンで簡単になることで、さまざまなフィンテックサービスを使えるようになるので、生活が激変すると言っても過言ではないでしょう。

個人や中小企業にとってのフィンテック導入のメリット

1. 自分に合ったサービスが、スマートフォンで手軽に使える
2. 融資も送金もすぐに届く
3. 少し金利は高いが、融資や資金提供を受ける可能性が広がる

金融システムの安定化にも貢献するフィンテック

金融システム全体としても、フィンテック普及のメリットがあります。

ひとつには、金融システムの多様化があります。さまざまな特徴を持つ企業や金融機関が参入することで、金融ショックが起きたときにも活動を継続できる企業や金融機関が残り、すべての金融機関が同時に機能しなくなるという事態を回避できることが期待されています。

また、多くの金融機関にとってフィンテックの活用は事務作業の軽減につながり、キャッシュレス決済の普及は銀行の支店やATMの需要を減らすなど、金融機関の運営費用の削減につながります。一方、スタートアップ企業の参入によって競争が激しくなり、手数料などは下落傾向になります。利用者にとって手数料の下落はプラスですが、金融機関の経営にとってはネガティブな要素になるでしょう。

そして、個々の企業や金融機関にとって金融サービスの効率化は、競争等を通じた全体の効率化につながり、透明性の高まりは情報の非対称性を小さくし、リスクの正確な評価と金融商品等の価格への反映につながると考えられています。さらに、金融機関のサービスが利用できる人々や中小企業が増加することは、経済全体の活性化と投資活動の多様化を促すことにつながると考えられています。

金融システム全体にとってのフィンテック普及のメリット

1. 既存金融機関は支店やATMを減らしてコスト削減できる
2. 金融サービスに関わる新旧企業間の競争によりコストが下がる
3. 金融システム全体の活性化と安定化につながる

用語解説

▶ QR (Quick Response) コード

横方向にしか情報を持たないバーコードに対し、縦横に情報を持つマトリックス型二次元コード。デンソーの開発部門（現デンソーウェーブ）が開発した。

▶ NFC (Near Field Communication)

13.56 MHz の周波数を利用する通信距離 10cm 程度の近距離無線通信技術。IC カードの中に IC チップとアンテナが搭載されており、対応するリーダー／ライターにかざすと瞬時にデータの読み書きが行われる。

▶ Bluetooth (ブルートゥース)

基本的に 1 対 1 の通信を目的とした無線通信の規格のひとつ。対応した機器同士は、約 10m 以内の有効範囲でワイヤレスのデータのやりとりができる。

▶ e コマース (イーコマース)

日本語では「電子商取引」と訳され、インターネットなどを介してモノやサービスの契約や決済などを行う取引形態のこと。取引の当事者が企業同士の「B to B」、企業と消費者間の「B to C」、消費者同士の「C to C」の 3 つに分けられる。

▶ サブプライム層

信用力が高い「プライム」よりも下位の、クレジットカードで延滞をくり返すような信用力の低い個人や低所得者層。リーマンショックは、サブプライム向け住宅ローンの不良債権化からはじまった。

▶ ドッド・フランク法

リーマンショックを踏まえ、2010 年にオバマ政権が導入した金融規制改革法。大規模な金融機関への規制強化、金融システムの安定を監視する金融安定監視評議会（FSOC）の設置、金融機関の破綻処理ルールの策定、銀行がリスクのある取引を行うことへの規制（ボルカー・ルール）などが盛り込まれている。

▶ Basel Ⅲ (バーゼルⅢ)

2010 年に国際決済銀行（バーゼル銀行監督委員会）が公表した、国際業務を展開している銀行の健全性を維持するための新たな自己資本規制。

Chapter 2

フィンテックによる
金融サービス革新

キャッシュレス決済やオンラインレンディングなど、
フィンテックによる新たな金融サービスが
次々と誕生しています。

Chapter [**2**]
Section [**01**]

キャッシュレスに向かう決済

さまざまな決済手段

商品やサービスの提供を受けた買い手は、その対価として売り手に「お金」を支払うことが必要ですが、このお金を支払うことを「決済」と言います。そしてこの決済は、フィンテックの中でも特に重要な分野になっています。

決済には銀行同士の資金決済（ホールセール決済）や、株や債券など証券取引に関わる決済もありますが、フィンテックでは、個人や小売店舗、企業などが行ういわゆる「リテール決済」が主な対象となっています。

小売店舗や個人間の取引で使われるお金の代表選手は、紙幣（銀行券）や硬貨（貨幣）など現金です。日本では、日本銀行が銀行券を発券し、日本政府が貨幣を発行しています。

現金以外の決済手段として広く利用されているのが、クレジットカードやデビットカード、プリペイドカードなどです。プラスチックのカードに磁気テープやICチップを埋め込んだものを使うため、小さくて軽く、持ち運びしやすいという特徴を持っています。

また、小売店舗で使われることはあまりありませんが、個人や企業の間ではよく利用される決済手段に口座振替や送金があります。口座振替は、電気・ガス・水道など公共料金やクレジットカード等の支払いを銀行口座から自動的に引き落します。送金は、自分の銀行口座から他の人の銀行口座への送金になります。

これら現金以外の手段を利用した決済は、いずれも「キャッシュレス決済」と呼ばれています。フィンテックでは、携帯電話やスマートフォン、さらにはAIスピーカーなどを使ったキャッシュレス決済の手段が積極的に開発されているのです。

リテール決済の流れ

銀行や中央銀行が提供する預金や現金の利用者の間の決済を「リテール決済」または「利用者間決済」と呼ぶ

| Chapter | [2] |
| Section | [02] |

キャッシュレス化のメリット

現金決済のメリットとデメリット

フィンテックでは、キャッシュレス決済の普及に向かっていると述べましたが、では、なぜキャッシュレス化を進めることが望ましいのでしょうか。それを知るために、まず現金を使うことのメリットとデメリットを見てみましょう。

現金決済のメリット

①法定通貨であり、利用を拒否されることがない。
②その場で決済が終了するため、決済が確実に完了できる。
③特別な技術を要するインフラが必要なく、幅広く用いられる。
④匿名で自由に使用が可能である。
⑤モノとしての実体があり、単純である。

現金決済のデメリット

①犯罪への利用が容易である。特に、マネーロンダリング、密入国斡旋・移民労働者の搾取、テロ資金、紙幣・貨幣の偽造などの犯罪に利用される。
②収入の捕捉が難しく、脱税が容易になる。
③現金の製造（印刷・鋳造）および保管・流通に費用がかかる。

このように、現金は確実・簡単に、匿名で利用ができるという特徴を持つ反面、さまざまな犯罪へ利用されやすく、取り扱う費用もかかるという課題を抱えていることがわかります。

現金の保管・流通の費用について、たとえば小売店舗では、POS(→P.076)レジの導入や現金の銀行搬送といった費用がかかります。また、現金が盗まれた場合の被害や、盗まれないために監視カメラの導入や警備会社と契約するなど、セキュリティの強化にも費用がかかるのです。

一方、銀行など金融機関では、支店で現金を取り扱うためには従業員を雇う必要があります。また、ATMの設置・運用や夜間のセーフティボックスの設置にも費用がかかります。

顧客データ取得や犯罪防止に活かせるキャッシュレス化

キャッシュレス化のメリットは、現金決済のデメリットである現金の保管・流通費用の削減だけではありません。

キャッシュレス決済では、「誰がどこで何を買っていくら払ったのか」などの記録が電子的に残るため、顧客の買い物データなど貴重な情報を多く入手できるようになります。また、政府や監督機関にとっては、キャッシュレス化でお金の流れを把握しやすくなり、特に課税漏れを少なくすることやマネーロンダリング、紙幣・貨幣の偽造といった犯罪の把握・防止の効果を見込んでいるのです。

キャッシュレス決済のメリット

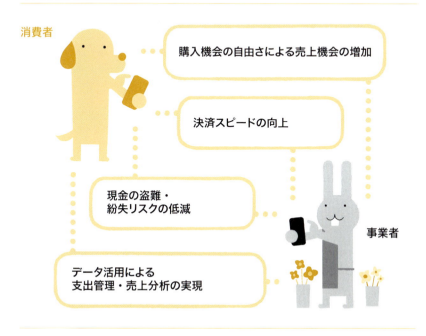

Chapter [2]
Section [03]

ICカードを利用した決済

3種類の決済用カード

キャッシュレス決済の代表格はカード決済です。フィンテックという言葉が誕生する前から、広く普及が進んできました。

決済で使われるカードは、主に「プリペイドカード」「デビットカード」「クレジットカード」の3種類に分かれています。この3種類の大きな違いは、利用者がお金を支払うタイミングです。また、それぞれの利用限度額は、プリペイドカードは入金された金額、デビットカードは紐づけられた預金口座の残高、クレジットカードは契約で定めた一定の金額になります。

日本におけるプリペイドカードの例としては、テレホンカードや図書カードのほか、Suica、ICOCA、nanaco（ナナコ）、WAON（ワオン）、楽天 Edy（エディ）などの電子マネーがあります。また、クレジットカードには、ATM や CD（Cash Dispenser）を使ってお金の借り入れ（キャッシング）ができるものもあります。

3種のカードの決済タイミング

● プリペイドカード　あらかじめカードに入金。支払いと同時にカード残高が減額される

● デビットカード　支払いと同時に、カード登録預金口座から引き落としされる

● クレジットカード　支払い後、あらかじめ定められた期日に、カード登録預金口座から引き落としされる

磁気カードから IC カードへ

カード決済に利用されるカードは、かつては磁気テープを埋め込んだものが一般的でしたが、現在では IC チップを内蔵した IC カードを利用するのが通常です。IC カードは、読取機との情報伝達方法によって、「接触型」と「非接触型（コンタクトレス）」に分けることができます。また、VISA や Mastercard などは、接触型と非接触型の機能を併せ持つ複合 IC カードを発行しており、コンタクトレスカード決済サービスを提供しています。

一般に、カード決済では、支払い時の認証として、**PIN コード**(→P.076)を入力することが求められますが、欧州ではコンタクトレスカードを使った少額の決済の場合、PIN コードを打ち込むことなく、カードを IC カードリーダー端末にかざすだけで決済が終了できるようになっています。これは NFC 技術によるものです。NFC は決済用のカード以外にも乗車券や ID、会員証などに利用が可能で、カード 1 枚にそれらの複数用途の機能を搭載して使うこともできます。また、カード以外にも、スマートフォンやキーホルダー、トークン、腕時計など、さまざまな機器に組み込むことも可能です。

ICカードの比較

Chapter [2]
Section [04]

スマートフォンや
タブレット端末を利用した決済

決済ツールの新トレンド

カードに代わって個人の決済ツールの主役になりつつあるのがスマートフォンやタブレットなどモバイル端末で、その主な使われ方は以下の3通りです。

mPOS（エムポス）
モバイル端末（スマートフォン・タブレット端末・小型カードリーダー）をPOS端末として利用する。

モバイルウォレット
クレジットカードやデビットカードの情報をスマートフォンのアプリ上で登録し、NFCやQRコードなどを利用して決済を行う。

P2P（Peer to Peer）送金サービス
「Peer」とは、同僚・仲間を意味し、サーバーを介さずに、共通のアプリを登録したネットワーク上のコンピュータやスマートフォンなどにより、1対1の対等の関係で、通信による送金を行う。

導入店舗にメリットが大きいmPOS

mPOSには、**ドングル型**(→P.076)の小型カードリーダーをスマートフォンやタブレット端末に接続して使うタイプと、独立した小型のカードリーダーを利用するタイプがあります。mPOSを提供する企業は、カードリーダーと付随するシステムを一体的に提供することが多く、導入する店舗にはカード決済のシステムを安価に導入できるメリットがあります。

mPOS決済の流れ

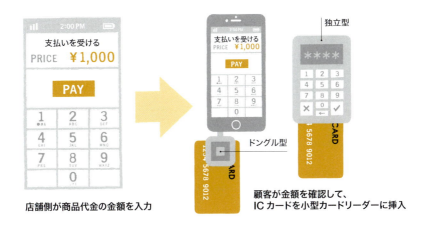

スマホで決済するモバイルウォレット

モバイルウォレットでは、まずスマートフォンやタブレット端末上のモバイルウォレットアプリに、クレジットカードやデビットカード、電子マネーの情報を登録します。店舗では、登録された中からどの支払い手段を使うかを選択し、NFCやQRコードを通じて支払いを行います。また、モバイルウォレットの多くは、eコマースの支払いでも利用することが可能です。

個人間の決済に使われる P2P 送金

P2P 送金サービスでは、同じサービスに口座を持っている人同士が、スマートフォンのアプリを通じて、金銭をやり取りすることができます。個人間のお金の貸し借りや子どもへのお小遣い、レストランでの割り勘などの場面で利用されるほか、最近では店舗への支払いにも使われるケースが出てきています。

P2P送金による割り勘

ウサギとカエルとイヌが一緒に食事をして、ウサギがまとめて代金 3,033 円を支払う。カエルとイヌは P2P 送金サービスを利用して、それぞれ 1,011 円をウサギに支払う

中国発で一気に広がる QR コード決済

スマートフォンを使って店舗で支払いをする方法として、最近は QR コードを利用する方法に注目が集まっています。この QR コードの利用では、中国の e コマース企業大手のアリババグループが提供する金融サービス「Alipay」（アリペイ）と、中国の SNS で圧倒的なシェアを持つテンセントが提供する金融サービス「WeChat Pay」（ウィーチャットペイ）が有名です。

QR コード決済のしくみのひとつに、自分のスマートフォンに自分の口座の QR コードを表示し、店舗の読取機で読み取ってもらう方法があります。しかし中国では、紙などに印刷された QR コードが店舗に置かれており、それを自分のスマートフォンのカメラで読み取り、表示された店舗が持つ口座に自分の口座から

お金を送る方法が広く普及しています。この場合、店舗においては、カード決済で必要なカード読取機のような特別な機械を用意する必要がなくなり、費用が少なくて済みます。

実際に北京のレストランでは、右下の写真のようなQRコードが置いてあり、食事が終わると、客がスマートフォンでQRコードを読み取ってアプリから支払いを行い、それを店員が確認するという決済が行われています。中国ではレストランにとどまらず、大型のショッピングセンター、スーパー、コンビニ、露店、三輪タクシー、病院など、多様なシーンでQRコードによる決済が可能になっています。現地では、「財布を持たなくてもスマートフォンさえ持っていれば、生活ができる」という声が聞かれるほど、QRコード決済が人々の生活に浸透しているのです。

日本でも、最近になってQRコード決済の導入が動きはじめています。ヤフーとソフトバンクが共同で手掛ける「PayPay」(ペイペイ)や楽天の「楽天ペイ」などが、スマートフォンのカメラでQRコードを読み取る決済システムを導入しており、対応する店舗の拡大が見込まれています。

北京のレストランに置かれたアリペイ用のQRコード(筆者撮影)

043

Chapter [2]
Section [05]

音声へ移るeコマース市場と決済

AIスピーカーでお買い物

eコマースは、パソコン経由からスマートフォン経由へと移行しつつありますが、今後はそうした端末の画面上での操作を必要としない、音声での注文が伸びてくると見られています。その最初のきっかけは、人間の話を理解し、対話で操作ができるAIスピーカーの普及です。米国では、2015年にAmazonが「Amazon Echo」（アマゾンエコー）の販売を開始し、2016年にはGoogleが「Google Home」（グーグルホーム）を発売するなど、普及が進んでいます。日本でも、2017年にはLINEが「Clova」（クローバ）の販売を開始するなど、さまざまなプレイヤーがAIスピーカーを販売しています。

代表的なAIスピーカーであるAmazon Echoは「Alexa」（アレクサ）、Google Homeでは「Google Assistant」（グーグルアシスタント）という音声を認識できるAIを搭載しています。Alexaには、その上で動く「Skill」（スキル）と呼ばれるスマートフォンのアプリに相当するソフトウェアがあり、さまざまな企業や人々がこのSkillを開発しています。その中には、ショッピングやフード＆ドリンクといった注文を音声で行うSkillもあり、たとえばドミノピザのSkillでは、ピザの宅配を注文することが可能です。Google Homeでも、2017年初めにeコマース機能が追加されています。

さまざまな場面で使われる音声認識AI

人工知能との音声でのやり取りは、AIスピーカーから、より幅広い分野に広がりはじめています。たとえば、AmazonのAlexaはBMW車に搭載されています。このように、音声による人間とコンピュータの対話がさまざまな分野で普及すると、店舗でのショッピングやカーシェアリング、有料施設の入退場など、音声による決済を導入する場面も格段に増加するでしょう。

また、SNSでの発言やeコマースでの購入履歴、身に着けているウェアラブル端末からの情報などをAIが分析し、商品を購入するときにお勧めをしてきたり、注意喚起を促したりするようなことも将来的には起こってくるでしょう。そしてそれらは、あたかも人間同士で話をするように行われ、カードやスマートフォンを使うこともなく、買い物が済んでしまうのです。

音声による決済の課題点

こうした音声での決済には、まだ課題もあります。Amazon Echoを使った商品の注文ではトラブルも起こっています。米国で実際に起こった事例ですが、6歳の少女がAmazon Echoに、「ドールハウス（人形の家）とクッキーを買って」とお願いしたところ、Amazonからドールハウスと2kgのクッキーが届きました。テレビでこのニュースを男性アナウンサーが説明し、「Alexa order me a dollhouse（アレクサ、私にドールハウスを注文して）」と言ったところ、テレビの視聴者が所有するAmazon Echoがニュースの声を注文と勘違いし、Amazonに次々とドールハウスの注文が寄せられました。

こうした事故を防ぐための技術として、「音声認証」が注目されています。人間の声は発声器官（喉や口など）の形の違いから、個人ごとに特徴を持っています。この特徴を認識して、話者を特定するのです。

今後は、屋内・屋外での音声を使った決済シーンが増加することが予想されます。こうした決済を安心・安全に行えるための技術開発は、これからますます注目を集めていく分野と言えるでしょう。

Chapter 2
Section 06

無人化する店舗と決済

Amazon Go の衝撃

決済のキャッシュレス化の進化は、店舗のあり方の変化にもつながっています。なかでも、2018年1月、Amazonがシアトルにオープンした「Amazon Go」は、小売業界に大きな衝撃を与えました。

Amazon Goで販売している商品は、菓子やジュース、サンドウィッチなど、普通のスーパーと変わりませんが、決済の方法に大きな違いがあります。キャッチフレーズは「No lines, no checkout」で、客は購入したい商品を選ぶと、レジなどで精算することなく、そのまま持ち帰ることが可能です。

もちろんAmazonは商品を無償で提供しているわけではありません。客は来店すると、Amazon Goのアプリがインストールされたスマートフォンに表示されるQRコードを、入り口にあるコード読取機にかざして入店します。店内には無数のカメラやセンサーが設置されており、客が棚から商品を取ると、AIの画像認識技術によって、どの客がどんな商品を買ったかを判断します。Amazonでは、この技術を「Just Walk Out Technology」と呼び、レジで精算をしなくてもスマートフォンに買い物の内容が通知され、登録されたクレジットカードから自動的に支払いがなされるのです。

中国で生まれる新しい店舗と決済の方法

Amazon Go とは決済方法が異なりますが、中国でも QR コード決済を活用することで、完全無人のコンビニエンスストアが誕生しています。

「BINGO BOX」というガラス張りの小さなコンビニエンスストアでは、客が出入り口の鍵の部分にスマートフォンの QR コードをかざすことで、鍵が開いて店内に入ることができます。会計はアリペイやウィーチャットペイなど QR コード決済のみに対応し、支払いが済んでいない商品があると出入り口の鍵が開かないため、商品の盗難ができないようになっているのです。

さらに中国では、QR コードに続くキャッシュレス化の手段として、顔認証が使われるようになりつつあります。実際に、杭州のケンタッキーフライドチキンでは、「smile to pay」という顔認証決済システムが、2017年から稼働しています。

smile to pay のしくみは、まず、アリババが提供するアリペイの口座にカメラで撮った顔情報を登録します。店舗では、カメラを備えた**デジタルサイネージ**(→P.076)に表示されたメニューから欲しい商品を選択し、注文します。その後、支払い方法で顔認証決済を選択すると、備えつけのカメラが顔をスキャンし、決済となります。このように、スマートフォンや AI などの新しいテクノロジーが決済のあり方を変え、決済方法の変化が店舗のあり方の変化につながっています。

世界初の顔認証決済サービス「smile to pay」のデジタルサイネージ

Chapter [2]

Section [07]

シェアリングエコノミーと決済

密接につながるシェアリングエコノミーとキャッシュレス決済

今、世界中で大変注目を集めているサービスに「シェアリングエコノミー」があります。空き家や自動車のシェアから料理やDIYの代行まで、個人や企業が保有する遊休資産やスキルの貸し出しを仲介するサービスで、インターネットやスマートフォンを活用することも大きな特徴です。

このシェアリングエコノミーサービスにおいて、決済はサービスの価値を構成する大変重要な要素です。知らない個人の間でサービスが提供されるため、サービスの対価がきちんと支払われるしくみを構築することで、サービスの提供者が安心して参加できるようになるのです。

シェアリングエコノミーの多くは、当事者間での金銭のやり取りをなくし、確認せずとも対価がきちんと支払われるしくみをつくっています。それにより、提供者はサービスの提供に集中でき、利用者から信頼を獲得しやすくなります。決済手段はカード決済などキャッシュレスが前提であり、シェアリングエコノミーの発展とキャッシュレス決済の普及は密接につながっているのです。

スマホによるキャッシュレス決済と親和性の高いUber

シェアリングエコノミーサービスの代表的な事例として、「Uber」(ウーバー)があります。UberはスマートフォンとGPSを活用し、顧客と運転手をマッチングさせるサービスで、スマートフォンのアプリを軸に構成されています。

運転手用のアプリは、配車リクエストの受け取り、道順の表示・案内、売上管理、顧客評価などの機能を備えており、事前に登録をした運転手は、自分の都合のいい時間だけアプリを立ち上げてサービスを提供できます。

顧客は、アプリ上で目的地の入力、配車リクエストができ、事前に予定の道順や見積もり料金、ドライバー情報なども伝えられるため、乗車してから運転手とコミュニケーションをとる必要がないのです。

料金の支払いは、あらかじめ登録されたクレジットカードやデビットカードで行われ、乗降車時に支払いをすることはありません。タクシーのようにメーターを利用せず、事前にある程度の予算を提示することで、法外な料金の要求や領収書の不発行などの問題は発生しないのです。また、タクシーであるような、チップの支払いも不要です（チップを支払うこともできます）。

シェアリングエコノミー分野別スタートアップ企業例

| Chapter | [2] |
| Section | [08] |

フィンテックによる
資金調達方法の変化

これまでの資金調達方法

私たちが日々生活をする中で、どうしても生活費が足りないときや住宅や自動車のように高額なものを買うとき、お金を借りるという選択をすることもあると思います。企業であれば、商品を仕入れたり、製品をつくるための設備を購入したり、一緒に働く従業員を雇ったりと、資金が不足する場面に遭遇するでしょう。

このように、個人や企業にとってお金が足りないとき、銀行でお金を借りることが最も身近な解決策になります。借りたい人は必要な書類を準備して、銀行の窓口に行き、銀行の審査担当者がそれらの書類に基づいて、融資の上限額や貸出金利を決定することになります。また、成長段階にある企業では、お金を借りるのではなく、株式を発行・売却して資金を調達することもあります。その場合、**エンジェル投資家**(→P.076)や**ベンチャーキャピタル**(→P.076)などが資金の出し手になります。

インターネットを使った資金調達

しかし、インターネットが広く普及する中で、銀行などに頼らなくとも、幅広く資金の提供を呼びかけたり、より魅力的な投資先を見つけたりすることができるプラットフォームが誕生しています。

主なモデルとして、資金の借り手と貸し手をインターネットで結びつけ、融資を成立させる**「オンラインレンディング」**(→P.052)や、インターネット上で資金を提供し、財やサービス、株式などを受け取る**「クラウドファンディング」**(→P.056)があります。

050

資金調達方法の変化

これまでの資金調達

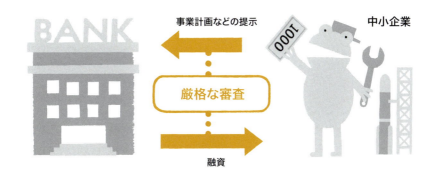

インターネットを使った資金調達

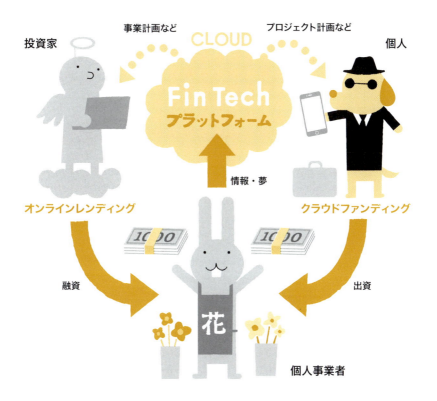

Chapter [2]

Section [09]

オンラインレンディング

インターネットや AI の活用による優位性

インターネットを活用した融資を「オンラインレンディング」と呼びます。オンラインレンディングは、フィンテック企業が自ら資金を調達して顧客企業に融資を行う「直接融資型」と、資金を提供するのではなく融資の仲介に徹する「プラットフォーム型」に分類することができます。

直接融資型は、銀行がフィンテック企業に代わったような形ですが、銀行の融資との違いは、融資をする際の審査方法にあります。これまで銀行が提供してきた融資では、各銀行が定めた与信判断基準に合わせて審査担当者が審査を行い、融資の可否や融資額の上限、貸出利率などを決定していました。一方、フィンテック企業が提供するオンラインレンディングでは、借り手が申し込み時に提供する氏名・住所・生年月日・就職状況・収入、企業であれば決算情報などに加えて、SNS や e コマースでの取引履歴といった情報を収集し、与信判断に活用しています。また、こうした情報データを、人手ではなく AI によって分析・審査することによって、融資の決定が従来よりも早く、安くできるようになるのです。

直接融資型は自らが貸し手となるのに対し、プラットフォーム型は借り手と貸し手をマッチングさせる市場型のビジネスモデルになります。

直接融資型・プラットフォーム型のいずれも、インターネットを活用し、店舗などの物理的なインフラを少なくすることで、コスト削減を可能にしています。その結果、借り手と貸し手の間のマージンを下げることが可能になり、両者にとって魅力的な貸出利率が提示できるほか、金融環境の変化に合わせて既存金融機関よりも金利変動を柔軟に行うことも可能になっています。さらに、インターネットなどテクノロジーの活用により、既存金融機関よりも幅広い顧客層にアクセスできることも強みのひとつと言えるでしょう。

オンラインレイディングの2類型

直接融資型

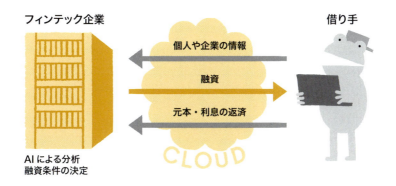

プラットフォーム型

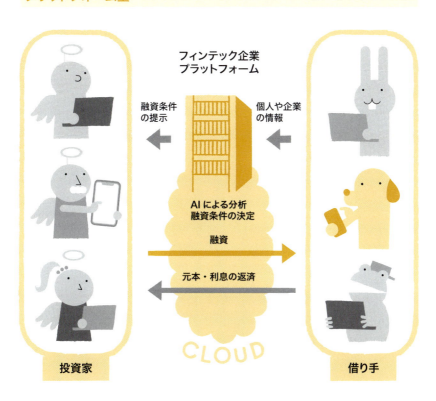

Chapter 2
Section 10

信用スコア

個人や企業の信用のモノサシ

オンラインレンディングで、貸し出せる金額の総額や金利を決定するための重要な情報のひとつに、「信用スコア（クレジットスコア）」があります。信用スコアは、さまざまな個人情報や企業情報を収集・分析して出された「信用度」を数値化したものになります。

米国で使われている最も有名な信用スコアは「FICO スコア」です。「クレジットビューロー」と呼ばれる信用情報機関が、全米からクレジットカードや消費者ローン、住宅ローン、携帯電話、公共料金、家賃、物品レンタルなどの利用や返済に関する履歴を集め、個人の信用度を点数化しています。収入や年齢、教育、過去の勤務経験といった情報はスコアに反映されていないのも特徴です。

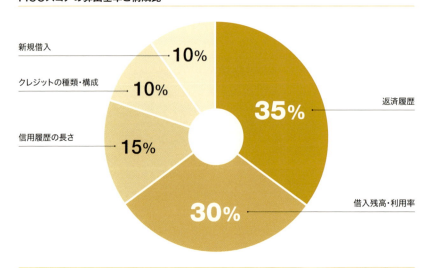

FICOスコアの算出基準と構成比

FICO スコアは 300 点から 850 点の幅で点数がつけられますが、740 点以上の人々は信用力が高いとされ、融資の金利が低くなる可能性があります。一方、580 点から 669 点の人々はサブプライムに分類され、融資を断られたり、金利を高く要求されたりします。さらに 579 点以下の人々では、クレジットカードの発行が拒否されたり、特別料金の支払いを求められたりすることもあるのです。なお、FICO スコアの点数分布は随時更新されています。

米国のオンラインレンディングでは、多くの場合、この FICO スコアを信用審査のベースとしています。そこに、収入や年齢、教育、過去の勤務経験といった FICO スコアに反映されない情報や SNS などの情報といったデータを収集し、分析を行っているのです。

中国では、これまで金融機関による個人や企業の信用情報の整備が遅れていると言われてきました。しかし、e コマース大手のアリババグループが提供する「芝麻信用」（ZHIMA CREDIT、ジーマクレジット）が、その状況を一変させています。芝麻信用は、アリペイに付随した信用情報管理システムで、アリペイの利用履歴に加えて、個人の学歴や職歴、自動車や住宅など資産の保有状況、人脈・交遊関係などを加味し、利用者の信用度を点数化しています。

芝麻信用の信用度は 350 点～ 950 点の範囲で格付けされ、アリババグループが提供する「MYbank」（マイバンク）というオンラインレンディングサービスの与信や金利優遇の判断に使われています。また、外部での利用が可能であり、ホテル宿泊や結婚マッチング、就職などさまざまな分野で芝麻信用の点数が参照されています。本人も自分の点数を見ることができるため、点数を上げるためにさまざまな努力を行うようになっています。中国の人々にとって、芝麻信用のスコア向上という目的が、日常生活における信用度を高めるような活動につながっているのです。

日本における信用スコアでは、みずほ銀行とソフトバンクが出資してつくっている「J.Score」（J スコア）が 2017 年に開始されました。今後、どの程度まで普及が進むのか、注目を集めているサービスです。

Chapter [2]
Section [11]

クラウドファンディング

夢にお金を届ける出資者

クラウドファンディングは、インターネット上に設けられたプラットフォーム上で、お金を必要としている人々や企業と出資者をつなぎ合わせるサービスです。群衆（Crowd ／クラウド）と 資金調達（Funding ／ファンディング）という言葉を組み合わせた造語です。

クラウドファンディングの場合、出資者は必ずしも金銭的なリターンだけを求めているわけではありません。むしろプロジェクトの社会的意義への共感や、自らの趣味嗜好に合うプロジェクトを応援したいという気持ちが前面に出ることも多いでしょう。そのため、大変ユニークなプロジェクトが成立することもあるのです。この点が、貸した資金が利息とともに帰ってくるオンラインレンディングとの大きな違いになっています。

日本におけるクラウドファンディングの成功例

プロジェクト	内容・結果
映画 「この世界の片隅に」	片渕須直監督の作品。サイバーエージェントの関連会社「Makuake」（マクアケ）のプラットフォームを利用し、3,374 人から 3900 万円超の資金を獲得。
絵本 「えんとつ町のプペル」	吉本興業所属のお笑いコンビ「キングコング」西野亮廣さんの絵本。絵本の出版と個展の無料開催に向け、4600 万円超の資金を調達。
フィギュアスケート 白岩優奈選手	レッスン代や衣装代、海外強化合宿などの費用を募集し、1000 万円超の資金を獲得。

クラウドファンディングの3形態

出資者の投資に対する対価は、①投資先の株式（株式型）、②投資先が提供する財やサービス（購入型）、③見返りのない寄付（寄付型）の3種類が一般的です。

株式型は、資金の受け手が投資家に対して、自社の株式を出資の見返りとして提供します。購入型は、資金調達が成功して商品製造やサービス提供が可能になったとき、つくり上げた商品やサービスを投資家に見返りとして提供します。提供される商品やサービスは、一般の消費財・耐久消費財だけではなく、映画・音楽・漫画など多岐にわたります。

寄付型は、資金の受け手が社会的意義の大きいプロジェクトを提案し、それに賛同する投資家がリターンなしで資金を寄付するものです。一般的な寄付行為と比べて、プロジェクトの透明性が向上し、資金提供者も受け手もほかのプロジェクトとの比較など情報量が多くなるメリットがあります。

クラウドファンディングのしくみ

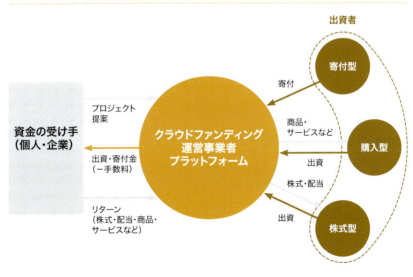

Chapter 2
Section 12

ロボアドバイザー

資産運用は AI におまかせ

「ロボアドバイザー」とは、資産運用を AI とソフトウェアがサポートしてくれるサービスです。投資家がインターネットを通じて、年齢や年収、金融資産、投資経験、期待する収益とリスク許容度などの情報を提供すると、ロボアドバイザーは入力された情報をもとに、最適と思われる金融資産の組み合わせ（ポートフォリオ）を提示します。理想的なポートフォリオを提示し、運用は顧客が行う「アドバイス型」と、実際に顧客の資産を預かって運用する「投資一任運用型」のロボアドバイザーがあります。

投資一任運用型ロボアドバイザーによる運用プロセス例

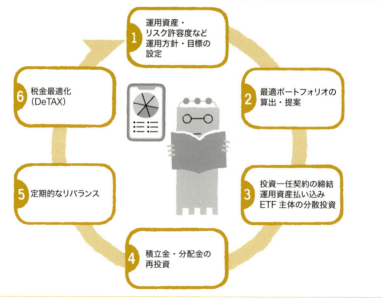

①〜⑥の資産運用プロセスを自動で行う。税金最適化（DeTAX）とは、クロス売買により含み損を実現化させ、税金を繰り延べさせること（ウェルスナビの特許）

少額から分散投資ができる ETF

ロボアドバイザーの投資先は個別企業の株式や債券ではなく、上場投資信託（Exchange Traded Fund、以下、ETF）が一般的です。ETF には、株式や債券の代表的な指数や、不動産（REIT）、通貨、コモディティ（商品先物取引の対象となる金や原油・大豆・とうもろこしなど）の値動きと連動する商品があり、少額から分散投資を行うことができるメリットを持っています。値動きの異なるさまざまな ETF を組み合わせることで、リスクを抑えながら期待に沿った利回りを追求していくことが可能になるのです。

ただし、「決して、株価が数倍になると予想される個別銘柄を推薦してくれるようなサービスではない」という点には十分な注意が必要でしょう。

米国が一歩先んじるロボアドバイザーの利用

ロボアドバイザーの利用は世界的に広がっていますが、投資大国である米国での導入が先んじています。

もともと米国では、投資家の持つ資産の運用を一括で請け負い、顧客の求めるリターンやリスク選好、投資期間をもとに投資ポートフォリオを構築する、「マネージドアカウントサービス」が普及しています。これまでのマネージドアカウントサービスは、専門家が投資資産の配分を行ってきましたが、投資家層の広がりを受け、より安価にサービスを提供できるロボアドバイザーへのニーズが高まったのです。

実際、通常のマネージドアカウントサービスでは、資産額に対して 1% 程度の手数料を要求するのに対し、ロボアドバイザーでは高くても 0.5% 以下に収まるサービスが多いという報告もあります。高い手数料の支払いを敬遠する一般投資家が、ロボアドバイザーを積極的に利用しているのです。

米国でロボアドバイザーの導入がはじまった当初は、「Betterment」や「Wealthfront」などのスタートアップ企業が、有料でサービスを提供していま

した。しかし、2014年には、大手の資産運用会社である「Vanguard」が自社の顧客に対し独自のロボアドバイザーサービスを提供し、その後も「Black Rock」などの資産運用会社や「Charles Schwab」などのディスカウント証券会社が、自社の顧客向けに同様のロボアドバイザーサービスを提供するなど、既存金融機関が顧客満足度を高め、囲い込みをするためのツールとして、無料でサービスを提供するようになってきています。

実際、米国でのロボアドバイザーのもとで運用される資産総額を見ると、VanguardやCharles Schwabの預かり資産が、Bettermentなど独立系企業の預かり資産を大きく上回っている状況になっているのです。今後もこうした既存金融機関によるサービスが普及を牽引すると思われます。

米国の主要ロボアドバイザーの預かり資産額

ロボアドバイザーサービス名	サービス運営企業	預かり資産額 （2016年／億ドル）
Vanguard Personal Advisor	**資産運用会社**	470
Schwab Intelligent Portfolio	**ディスカウント証券会社**	123
Betterment	**スタートアップ企業**	67
Wealthfront	**スタートアップ企業**	44
Personal Capital	**スタートアップ企業**	29

World Economic Forum「Beyond Fintech : A Pragmatic Assessment Of Disruptive Potential In Financial Services」より

投資の入り口となるロボアドバイザー

日本でも、ロボアドバイザーの導入がはじまっています。代表的なサービスとして、「WealthNavi」（ウェルスナビ）とお金のデザインが提供する「THEO」（テオ）がありますが、いずれのサービスも手数料は1％（3000万円を超えた分については0.5％）で、海外のETFを含めた国際分散投資で運用を行っています。既存金融機関によるサービス提供も動き出しており、たとえば、SBI証券は上記のWealthNaviと提携し、自らの顧客にロボアドバイザーサービスを提供しています。

一般的に、日本人は投資に対する姿勢が慎重だと言われており、実際に金融資産の商品別内訳を見ても預金の比率が大変高いのが現状です。ただ、THEOの顧客年齢層を見ると、20歳代と30歳代でほぼ半分を占め、最も金融資産を持っている60歳代以上の比率は少なくなっています。また、THEOの顧客の半分以上は過去に投資経験がほとんどなく、投資の入り口としての機能も果たしているのです。

今後、ICTの利用に慣れた若い世代が金融資産を持つようになると、資産運用分野でもロボアドバイザーをはじめとしたフィンテックサービスの利用がますます拡大すると期待されています。

THEOの顧客層

投資経験

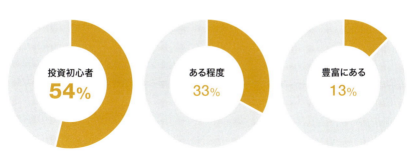

年代別

2018年11月30日時点（THEOウェブサイトより）

Chapter [2]
Section [13]

海外送金サービス

仕送りの手数料を安くするフィンテック

日本人は日常であまり利用することがありませんが、海外で広く利用されている金融サービスに「海外送金」があります。個人から大企業まで幅広い人々によって、仕送りや海外の製品・サービスの購入のために送金が行われています。

個人による海外送金の状況を見ると、主な送金国は米国・欧州といった先進国や中東諸国の占める比率が高く、受取国はインド・中国・フィリピンなどの新興国が中心になっています。個人による海外送金は、先進国に移住した移民や出稼ぎ労働者から母国に送られるものが多くなっているのです。

フィンテック以前の海外送金では、主に銀行や国際送金サービス事業者などのサービスが利用されてきましたが、送金手数料や為替手数料、受取手数料の費用が高いうえに、お金の受け取りまでに時間がかかることが大きな課題でした。

従来の海外送金のしくみ

手数料の安さのしくみ

銀行や国際送金サービス事業者などのサービスにおける課題を解決するフィンテックサービスが登場しており、英国で海外送金を手掛ける「TransferWise」などが有名です。サービス利用者にとっての大きなメリットは、手数料の安さでしょう。

TransferWiseのしくみのポイントは、ある国の中で同じ通貨の送金者と受取人をマッチングさせることです。これであれば、送金予定の資金が実際に国を「離れる」ことはないため、**SWIFT**（→P.076）や**コルレス銀行**（→P.076）といった海外送金を仲介する機関に支払う諸手数料を省くことができるのです。

また、銀行であれば、為替の売りと買いでレートに大きな幅があるのが一般的です。一方、TransferWiseは外為市場でのレートである「インターバンク・レート」を利用するため、不利なレートでの交換をせずに済みます。代わりに、同社は少額の最低手数料と送金金額の1%を下回る水準での手数料を請求します。世界銀行の調査では、2018年7～9月の海外送金の世界平均コストは送金額の7%となっていますので、TransferWiseのコストの安さがおわかりいただけるでしょう。

TransferWiseのしくみ

海外送金をめぐる争い

現在、海外送金を手掛ける代表的な企業には、TransferWiseのようなフィンテック企業と、銀行や伝統的な国際送金サービス事業者が存在しています。

米国の「Western Union」「MoneyGram」「Ria」、中東の「UAE Exchange」などが伝統的な国際送金サービス事業者で、多数の国・地域に設置された数十万か所の拠点・代理店を通して送金業務を行っています。最近の国際送金量を見ても、Western Unionの送金量が圧倒的に多く、次いでUAE Exchange、TransferWise、MoneyGram、Riaとなり、依然として大きな存在感を持っています。

そのしくみですが、たとえばWestern Unionで日本から米国に現金を送付する場合、送金者は日本の代理店で現金を渡します。現金を受け取った日本代理店は、送付先の米国代理店にメッセージを送って受取人に資金の受領を知らせ、受取人が代理店に来たら現金を支払います。実際には、現金以外に銀行口座やATMを利用することもできます。

Western Union現金送付のしくみ

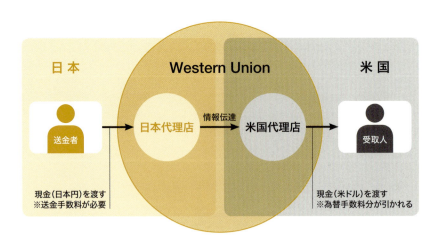

コスト競争力やスピードに勝るフィンテック企業

TransferWise 以外では、「WorldRemit」「XOOM」「Transfast」「Remitly」などが、フィンテック企業としては有名です。基本的にオンラインでサービスを提供し、物理的な代理店や拠点を抱えないところが、伝統的な国際送金サービス事業者との大きな違いになっています。拠点やそこで働く人々の費用がかからないため、コスト競争力が増すのです。

さらに、送金の主な受け先である新興国でも、スマートフォンの普及とキャッシュレス化が進んできたことから、取引のすべてをデジタルで完結できるようになり、スピードが速くなります。

このようなコスト競争力やスピードによって、これまで銀行や伝統的な国際送金サービス事業者が担ってきた海外送金サービスを、フィンテック企業が奪っていく可能性は高いと言えるでしょう。

column 1

マネーロンダリングとKYC

犯罪や不当な取引で得た資金を正当な取引で得たように見せかけたり、複数の金融機関を経由することで出所をわからなくしたりする行為を「マネーロンダリング」（資金洗浄）と呼びます。特に、海外送金によるテロリストへの資金流出を防ぐことは大きな課題で、国際的に優先事項となっています。

マネーロンダリングの防止には、まず口座開設時の本人確認が重要で、金融業界では「KYC」（Know Your Customer）という用語が使われます。パソコンやスマートフォン経由で取引を行う場合でも、事前の書類確認などに時間がかかるケースが多いのですが、NECが提供するDigital KYCでは、①スマートフォンで免許証と一緒に顔を撮影、②免許証の厚みを確認できるように撮影、③必要事項を記入、という手続きで、簡単に本人確認を行うしくみを提案しています。今後も、デジタルテクノロジーを活用した便利かつ確実なKYCのしくみが開発されていくことでしょう。

Chapter [2]

Section [14]

仮想通貨

仮想通貨の役割

仮想通貨のはじまりは、2008年に「サトシ・ナカモト」と名乗る人物が発表した論文をもとにして生み出された「ビットコイン」（Bitcoin）です。ビットコインなどの仮想通貨は、インターネットを通じてデータがやり取りされます。紙幣や硬貨のような物理的な存在がないため、「仮想の通貨」とされているのです。

ビットコインは現在でも仮想通貨の中心的な存在ですが、それ以外にも大変多くの種類の仮想通貨が出てきており、「アルトコイン」（altcoin）と総称されています。現在、1,000種類以上のアルトコインがあると言われていますが、仮想通貨の役割について、「貨幣の機能」という点から見てみましょう。

貨幣には、①**価値の交換・支払い手段**、②**価値の尺度**、③**価値の蓄積・保蔵**という機能があります。

①**価値の交換**：モノやサービスと交換したり、それらの価値に対して報酬を支払ったりする手段となります。

②**価値の尺度**：モノやサービスの価値を、誰にでもわかるようにする「モノサシ」の役割を持ちます。

③**価値の蓄積**：名目上の価値は変化せず、貯蔵し、いつでも利用可能です。たとえば、100円は時間がたっても100円として使えます。

では、仮想通貨の代表であるビットコインを、「価値の交換」「価値の尺度」「価値の蓄積」の視点から見てみましょう。

「価値の交換」としては、2019年3月末現在、大手家電量販店のビックカメラやeコマースのDMM.comなどで商品の支払いにビットコインを利用できますが、その他多くの店舗では利用ができません。

「価値の尺度」としては、ビットコインで買い物ができる総合通販サイト「ビットコインモール」のような一部のサイトでは、モノの価格がビットコインで表示されていますが、私たちの日常生活ではほとんど見ることがないでしょう。

「価値の蓄積」という点はどうでしょうか。ビットコインは取引所などを通じて取引がされていますが、その価格は2017年末まで右肩上がりでした。その後は価格が大幅に下落していますが、2019年3月末時点で1ビットコインは約46万円で取引をされており、なんとか価値が保蔵されていると言えそうです。

このように、ビットコインは価値の蓄積・保蔵機能はあるものの、価値の交換や価値の尺度という機能はかなり限定的であることがわかります。従って、その役割は貨幣というよりも、「投資対象の資産」といった意味合いが強いと言えるでしょう。近い性質を持つものとしては、金（ゴールド）などが挙げられます。

貨幣の機能

ビットコインへの投資増の背景

ビットコインが注目を集め、価格が上昇しはじめたきっかけは、2013年3月に地中海に浮かぶキプロス島で起こったキプロス危機でした。これは、ユーロ圏のキプロスの銀行に大きな損失が発生したことに対して、欧州連合（EU）が金融支援を行う代わりにキプロスの銀行預金への課税が行われることになり、銀行に預金者が殺到したり、一時、銀行が封鎖されたりした金融危機です。

その後、中国での外貨保有制限などもビットコインへの投資増につながったと言われています。さらには、米国の経常赤字や日本のマイナス金利導入などを背景とした、ドルや円など法定通貨に対するさまざまな不安心理もビットコインへの投資につながっているでしょう。

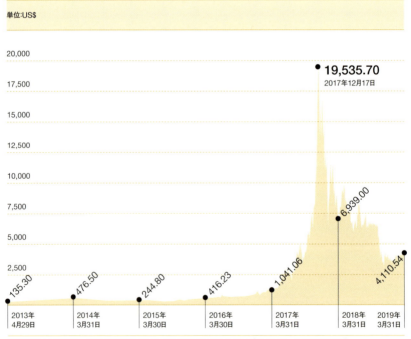

ビットコインの価格チャート推移

2013年4月29日～2019年3月31日（CoinMarketCap ウェブサイトデータよりグラフ化）

さまざまな種類の仮想通貨

ビットコイン以外のアルトコインとしては、時価総額の大きな「イーサリアム」（Ethereum）、「リップル」（Ripple）などが有名ですが、ビットコインから分裂してできた「ビットコインキャッシュ」（Bitcoin Cash）などもあります。それ以外にも、さまざまな種類の仮想通貨がありますが、その多くは仮想通貨の取引所でも取引が行われないマイナーなものにとどまっています。

ビットコインをはじめとした仮想通貨は、「ブロックチェーン」という技術を使うことで安全だと言われてきました。しかし、現実には多くのトラブルが起こっています。日本でビットコインが広く知られるきっかけとなった事件は、2014年のビットコイン交換所 Mt. Gox（マウントゴックス）の破綻です。その後、2016年には投資ファンド The DAO がハッキングを受け、巨額のイーサリアムが奪われました。2018年は、日本の仮想通貨取引所でハッキングが相次ぎました。1月には、仮想通貨取引所 Coincheck（コインチェック）で「ネム」（NEM）など、実に数百億円相当の仮想通貨が盗難にあい、9月には、Zaif（ザイフ）からビットコインなど数十億円相当が不正に流出するなど、非常に大きな金額の被害が出てしまったのです。こうしたトラブルは、仮想通貨に対する信頼度を大きく下げる結果になっています。

仮想通貨時価総額ランキング

仮想通貨名	時価総額 （億US$）	仮想通貨名	時価総額 （億US$）
Bitcoin（ビットコイン）	734	Bitcoin Cash（ビットコインキャッシュ）	30
Ethereum（イーサリアム）	150	Binance Coin（バイナンスコイン）	25
Ripple（リップル）	130	Stellar（ステラ）	21
EOS（イオス）	38	Tether（テザー）	20
Litecoin（ライトコイン）	37	Cardano（カルダノ）	19

2019年4月1日午前時点（CoinMarketCap ウェブサイトデータより）

| Chapter | 2 |
| Section | 15 |

ブロックチェーン

仮想通貨の根幹技術

仮想通貨の代表であるビットコインの運用は 2009 年 1 月に開始されましたが、その特徴は、「ブロックチェーン」という技術を採用していることや、中央銀行のような通貨の発行主体・管理者がいないことなどが挙げられます。

通常、円やドルなどの通貨には、「発行主体」が存在します。たとえば、日本の紙幣には「日本銀行券」と表記があり、発行主体は日本銀行です。

一方、ビットコインでは、取引に関わる参加者が協力して、取引の確認および処理を行うことになっています。これは、ブロックチェーンの技術を使うことで可能となっているしくみです。従って、ビットコインをはじめとする仮想通貨とブロックチェーンは、切っても切れない関係にあると言えるでしょう。

ブロックチェーンのしくみ

多くの情報システムは、中央にあるサーバーが全体を管理する中央集権的なシステムとなっています。一方、ブロックチェーンは、ネットワークにつながるコンピュータ（ノード）がそれぞれ過去の取引データを管理し、共有します。そのため、一部でデータがなくなったり、改ざんされたりしても、他のノードが持つデータによって修正が可能です。参加するすべてのノードが、取引データ（取引台帳）を共有するため、「分散型台帳技術」とも言われています。

ビットコインの場合、過去から現在までの全取引データが記録され、各ノードで共有されています。記録は、ある一定期間の取引データをブロックとして、それをつなげていく形で行われています。

各ブロックは取引データ以外に、さらにひとつ前に生成されたブロックの内容を示す「ハッシュ値」と「ナンス」と呼ばれる情報も格納しています。ハッシュ値は、「ハッシュ関数」と呼ばれる特殊な計算式によって求められた固定長の値で、もとのデータからは必ず同じハッシュ値が得られます。ナンスは「Number used once」の略称で、1度だけ使う使い捨ての数字ですが、この数字によって、次のブロックで使う前ブロックのハッシュ値が変わります。

ビットコインでは、ある条件を満たすハッシュ値を求めた最初の人が、新しいブロックを生成する権利を持ち、成功した人は報酬として新しく発行されたビットコインを獲得することができます。

条件に合うハッシュ値を求めるには、前ブロックのハッシュ値、新しいブロックに含まれる取引データ、ナンスと付属情報をハッシュ関数に入れ、ひたすらナンスの値を変更しながら計算するというやり方が求められます。

ブロックチェーンのしくみ

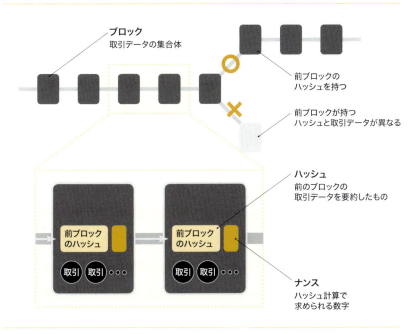

仮想通貨から派生したマイニングビジネス

報酬を求めてハッシュ値を計算することを、鉱山採掘にたとえて「マイニング」と呼び、マイニングする人々を「マイナー」と呼びます。マイニングには大量の計算が必要なため、マイナーは高性能なコンピュータ（サーバー）を数多く揃え、24時間365日稼働させているのです。

多くのコンピュータを稼働させるには大量の電気が必要になるため、マイナーは世界中で電気代の安い場所を探します。当初は、中国でマイニングが盛んに行われてきましたが、近年では、気温が低くコンピュータの冷却が少なくて済む北欧やロシアなどにマイニングの施設が置かれることも増えているようです。たとえば、ジェネシスマイニング社のマイニングファーム「Enigma」（エニグマ）は、アイスランドに置かれ、地熱発電で電力が供給されています。

ジェネシスマイニング社のマイニングファーム「エニグマ」
アイスランドの寒冷な気候と安価な電気代を利用してマイニングを行っている（Genesis Mining ウェブサイトより）

また、マイナーが自らコンピュータを設置・運営するだけでなく、広く投資家から出資を募ってマイニングの設備を整え、得られた仮想通貨の一部を投資家に還元する、「クラウドマイニング」というビジネスも普及しつつあります。

マイニングビジネスへの参入は、2017年の仮想通貨の価格上昇に伴って大変注目を集めましたが、その後は仮想通貨の価格下落も影響して、勢いがやや弱まっているのが現状です。

ブロックチェーン技術の展開

ブロックチェーンは、ネットワークにつながるコンピュータが過去の取引データを管理・共有するため、データの耐改ざん性や信憑性が高い技術だと言われています。そのため、仮想通貨以外でも、さまざまな用途へのブロックチェーン技術の応用が進められています。

たとえば、海外送金や証券の取引など金融分野での利用は、すでにさまざまな実証実験が行われています。それ以外にも、不動産の登記情報やダイヤモンドの取引履歴の管理、物流のトレーサビリティなど、記録を残す必要がある取引への利用が検討されているのです。

ブロックチェーン技術の展開例

カルテの電子化による誤診防止や医療機関の効率的な連携

トレーサビリティシステムの構築による安心・安全なサプライチェーンの実現

カーシェアリングやカーライドサービス提供者と利用者間の情報共有

資産や権利証明の電子化による透明性の確保や不正の排除

ブロックチェーン技術の構造上の特性である「改ざんが極めて困難」「ゼロタイムダウン(システムの無停止)」「低コスト」から、さまざまな分野への展開が期待されている

Chapter [2]
Section [16]

ICO（イニシャル・コイン・オファリング）

スタートアップ企業の新しい資金調達方法

「ICO（Initial Coin Offering）」とは、仮想通貨を活用した新しい資金調達方法です。ICOでは、資金調達を行いたい起業家や企業が、投資家からの資金提供の対価として、これから自社で提供する製品やサービスの購入に使える独自の仮想通貨（「トークン」と呼ぶことが一般的）を提供します。購入型のクラウドファンディングでは、提供された資金を使ってつくられた商品やサービスを投資家に提供しますが、ICOでは先にトークンという形で提供するところが大きな違いです。

これまでのスタートアップ企業の資金調達手段は、融資やベンチャーキャピタルからの出資などが中心でした。しかし、株式を対価とする場合には経営権の一部を渡すことになり、融資の場合は返済しなければいけません。一方、ICOでは、自社が提供する商品やサービスが対価となるため、経営権の一部譲渡や資金の返済義務はありません。また、インターネット上で「ホワイトペーパー」という事業計画書を提示すれば、世界中の投資家から資金調達が可能なのです。

さらに、ICOでは、ブロックチェーン技術を利用することで、投資家は入手したトークンを第三者に流通するしくみをつくることも可能で、資金調達プロジェクト後もトークンを存続させることができるのです。実際に、2017年に行われたICOでは、1件当たり数百億円という多額の資金を集めることに成功したプロジェクトも多く見られました。

このようにメリットも多いICOですが、課題も多く指摘されています。投資を行う側には、ICOに対して商品やサービスの対価としての魅力よりも、入手したトークンの値上がりを狙う投資対象として考えている投資家が多い状況があるため、仮想通貨市場が停滞すると資金が集まりにくくなるのです。

ICOのしくみ

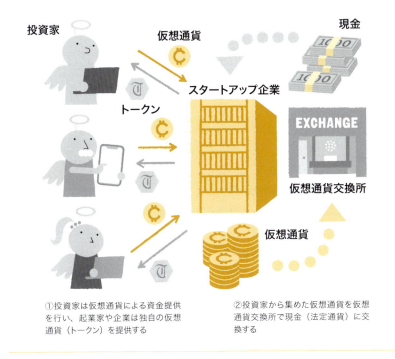

①投資家は仮想通貨による資金提供を行い、起業家や企業は独自の仮想通貨（トークン）を提供する

②投資家から集めた仮想通貨を仮想通貨交換所で現金（法定通貨）に交換する

詐欺行為などが大きな課題

ICOを行った企業が、トークン発行時に約束した事項を守らず、そのまま消滅してしまうといった詐欺行為も大きな問題となっています。米国では証券取引委員会（SEC）による詐欺行為の告発事例もあります。また、中国では、2017年9月に、こうした詐欺行為の防止や投機的な活動を抑えることを目的に、ICOが禁止されています。

ICOを行う企業の多くはスタートアップ企業であり、なかにはホワイトペーパー上のアイデアだけしかない起業家も存在します。本来、こうした**シードステージ、アーリーステージ**(→P.076)の企業への投資は、投資のプロフェッショナルでも大変難しいと言われている分野です。今後もICOは起業家やスタートアップ企業の重要な資金調達の手段として残っていくと考えられますが、投資などで関わる場合には、そのリスクについてもじっくりと考える必要があるでしょう。

用 語 解 説

➤ POS (Point of Sales)

「販売時点情報」と訳され、POS システムは、物品販売の売上実績を単品単位で記録し、集計するシステム。

➤ PIN (Personal Identification Number) コード

個人を識別するための番号のひとつ。店舗におけるカード決済時に、事前にカード会社に登録した4ケタの数字を読取機に入力することで、本人確認を行う。

➤ ドングル (Dongle) 型

もともとは、ソフトウェアの不正コピー防止のために「鍵」のような使い方をする小型装置。現在では、コンピュータに USB などで接続する小型装置を指す。

➤ デジタルサイネージ (Digital Signage)

「電子看板」と訳され、平面ディスプレイやプロジェクターなどによって映像や文字を表示する情報・広告媒体。

➤ エンジェル投資家

成長が見込まれるスタートアップ企業に対して融資を行う個人投資家。自身の経験や人脈を活かして、経営面でのサポートを行う場合もある。

➤ ベンチャーキャピタル

有望なベンチャー企業の未公開株を買い付け、株式公開後、株を売却することでキャピタルゲインの獲得を目的とした投資ファンド。

➤ SWIFT (Society for Worldwide Interbank Financial Telecommunication)

国際銀行間通信協会の略称。銀行間の国際金融取引にかかる事務処理の機械化、合理化および自動処理化の推進のために、各国の金融機関に金融通信メッセージサービスを提供する標準化団体。

➤ コルレス銀行 (Correspondent Bank)

従来型の海外送金において、外国為替取引のために通貨の交換を行う中継地点となる銀行。

➤ シードステージ、アーリーステージ

企業の成長においては、「シード」「アーリー」「ミドル」「レイター」と成長ステージが段階分けされる。「シードステージ」は起業の準備段階で、事業計画書の作成が行われる。「アーリーステージ」は起業後2～3年程度で、事業内容や資金調達方法が確立されていない段階。「スタートアップステージ」とも呼ばれる。

Chapter 3

フィンテックのエコシステム

スタートアップ企業を中心に、インターネット企業や既存金融機関、
アクセラレーター、インキュベーター、各国政府・監督機関などが、
フィンテックのエコシステムを構成しています。

Chapter [3]
Section [01]

ビジネスにおけるエコシステム

ビジネスの生態系

Chapter1 では、ICT 化がまだ十分に進んでいない産業において、デジタルテクノロジーを利用することで新しい価値やしくみを提供する「X-Tech」にふれました。こうした産業に変化を起こすには、スタートアップ企業など、今まで業界には存在していなかった企業が参入することによって、競争をしたり、協力をしたりすることが重要になります。

このように、特定の業界において、さまざまな企業がつながりあってビジネスのしくみをつくっていくことを、生物学で多様な生物が相互依存関係を築いている状態を指す「エコシステム」になぞらえて、「ビジネスエコシステム」もしくは、単に「エコシステム」と呼びます。

では、フィンテックにおけるエコシステムとは、どういう状態なのでしょうか。これまでの金融ビジネスは、銀行や保険会社、証券会社などが、それぞれの枠の中で、関連する事業をすべて手掛けていました。一方、フィンテックにおけるエコシステムは、さまざまな主体が入り組んだ複雑な形になっています。

フィンテックのメインプレイヤーは、やはりスタートアップ企業です。ICT に強みを持ち、自ら構築したシステムを用いて、自らが直接、消費者に金融サービスを提供する企業も多く登場しています。また、Google や Amazon などの大手インターネット企業も、特に決済の分野では大きな存在感を示しています。インターネット企業の存在は新興国でより強く、中国の「Alibaba」(アリババ)グループや「Tencent」(テンセント)、インドの「Paytm」(ペイティーエム)などは、金融を含むさまざまな機能をスマートフォンのアプリ上で提供していることから、「Super Apps」(スーパーアップス)(→p.086)と呼ばれており、新興国におけるフィンテックサービスの主な提供者になっています。

一方、既存の金融機関もフィンテックへの対応を進めています。多くの既存金融機関がスタートアップ企業を重要なパートナーとし、提携や買収などによって、技術やサービスを自らのサービスに組み込みはじめています。

また、スタートアップ企業を育成するためには、**アクセラレーター**や**インキュベーター**(→p.096)といった起業育成のインフラ整備も大切になってきます。さらに、多くの政府・監督機関もフィンテックを支援する立場を示し、具体的な政策を導入しています。

フィンテックにおけるエコシステム

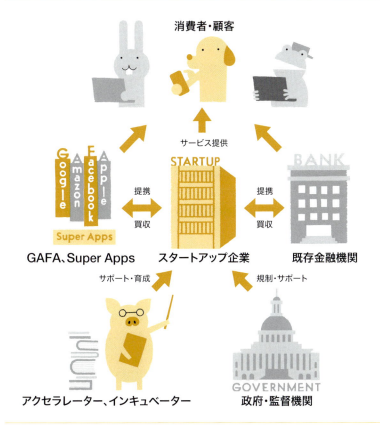

スタートアップ企業を中心に、GAFAやSuper Apps、既存金融機関、アクセラレーター、インキュベーター、各国政府・監督機関などが、フィンテックのエコシステムを構成している

Chapter [3]
Section [02]

スタートアップ企業

社会的課題の解決と急成長

フィンテックや他の X-Tech において、スタートアップ企業は既存の業界や社会に変化をもたらすキープレイヤーとなります。スタートアップ企業の明確に定まった定義はありませんが、「新しい事業を起こすことで、未解決の社会的課題を解決している」「起業から数年程度で、急速に成長している」などの特徴を持つとされています。

フィンテックでは、決済や融資など主要分野のほとんどでスタートアップ企業が参入しており、個人や中小企業など顧客に直接サービスを提供する企業や、銀行など既存金融機関とビジネスを行う企業など、事業のあり方はさまざまです。

世界的にも有名なフィンテックのスタートアップ企業の多くは 2000 年代後半以降の創業で、創業後 10 年も経過しない間に多くの顧客から支持を集めています。事業開始から 10 年程度で、数百万人規模の顧客にサービスを提供できるのも、顧客との接点が支店など場所・時間の制約を受けるものからスマートフォンに移行したことや、顧客が増加したときにクラウドなどを活用して速やかに対応できることなど、デジタルテクノロジーの恩恵によるところが大きいのです。

地域別の特徴

米国では、多くのスタートアップ企業がフィンテックサービスを独自に提供し、存在感を示しています。2015 年時点で、少なくとも 4,000 社のスタートアップ企業が存在すると報道されていますが、現状ではさらに企業数が増加していることでしょう。中国では、アリババグループやテンセントが目立ちますが、他にも、深圳市などで多数のスタートアップ企業が誕生し、フィンテック分野にも多くが参入しています。欧州では、英国・ロンドンを拠点にするスタートアップ企

業が多く存在しますが、Brexit（ブレグジット）(→p.104)以降、どのような変化が起きるかに注目が集まっています。

日本におけるフィンテックのスタートアップ企業の存在感は、まだそれほど大きくないのが実情です。多くのフィンテック企業が集まるフィンテック協会のスタートアップ会員企業数は、2019年4月1日時点で122社となっています。ただ、決済やオンラインレンディング、クラウドファンディングなどの主要分野には複数の企業が参入しており、少しずつ存在感が大きくなっています。

フィンテックの海外主要スタートアップ企業の設立時期

設立年	企業名	分野	本社所在地ほか
2007年	Mint.com	PFM※	2009年、Intuitが買収
	eToro	株式・為替取引	イスラエル・テルアビブで設立
	Lending Club	オンラインレンディング	米国・サンフランシスコに本社を置く
	OnDeck	オンラインレンディング	2015年、JPMorgan Chaseと戦略的提携
2008年	Wealthfront	ロボアドバイザー	Bettermentとともに、米国ロボアドバイザーのトップランナー
	Kabbage	オンラインレンディング	米国・アトランタに本社を置く
2009年	Square, Inc.	決済	米国・サンフランシスコに本社を置き、カナダ・日本でも事業展開
2010年	Personal Capital	ロボアドバイザー	米国・カリフォルニア州レッドウッドシティーに本社を置く
	iZettle	決済	スウェーデン・ストックホルムを拠点とする「欧州のSquare」。2018年、PayPalが買収
	TransferWise	海外送金	英国・ロンドンに本社を置く。日本では、2016年にサービス開始
2011年	SoFi	オンラインレンディング	米国・サンフランシスコに本社を置く

※ PFMとは「Personal Financial Management」の略で、銀行預金や保険契約からクレジットカードでの支払いなど、インターネット上の複数の口座情報を集約して、個人の資産管理や家計管理を行うサービス

ベンチャーキャピタルも積極的に投資

フィンテックのスタートアップ企業の勢いは、ベンチャーキャピタルからの投資実態にも見ることが可能です。多くのスタートアップ企業がフィンテック分野に参入し、投資家から見ても魅力的な分野に見えることから、投資金額・投資件数は高い水準に到達しています。

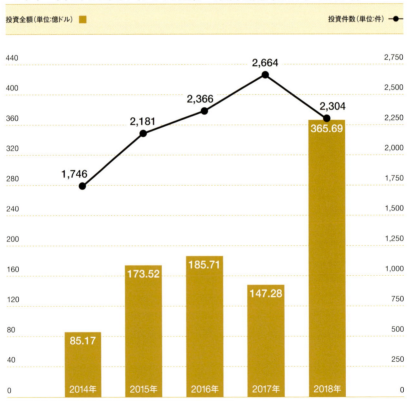

ベンチャーキャピタルによるフィンテック企業への投資の推移（2014年〜2018年）

2018 VC FINTECH INVESTMENT LANDSCAPE より作成

2018年のベンチャーキャピタルによる国・地域別投資ランキングを見ると、特徴的な傾向が表れています。投資件数においては、米国・英国・インド・中国の順になっていますが、投資金額では、他を大きく引き離して中国がトップになり、続いて米国・英国・インドの順になっています。中国の投資金額内訳を見ると、アリババグループの Ant Financial（アントファイナンシャル）への投資金額が140億ドルあり、中国全体の投資金額の70%以上を占めています。この投資金額は米国全体の投資金額を上回り、世界のフィンテック分野におけるアリババグループの存在感の大きさを表しています。また、日本は投資金額で10位に入っていますが、上位の国とは大きな差があり、投資件数ではランク外になっています。

ベンチャーキャピタルによる国・地域別投資ランキング（2018年）

国・地域	投資件数 （単位：件）	投資金額 （単位：億ドル）
米国	1,042	105.81
英国	261	17.36
インド	119	9.95
中国	90	189.73
カナダ	85	3.84
シンガポール	73	
フランス	49	
ドイツ	48	7.16
スイス	40	3.28
ブラジル	27	3.28
香港		3.49
日本		3.12

2018 VC FINTECH INVESTMENT LANDSCAPE より作成

Chapter [*3*]
Section [*03*]

GAFAの取り組み

Amazon の積極的なフィンテックへの取り組み

近年、ICT の世界で最も注目を集めている企業は、検索エンジンやクラウドなどを提供する「Google」、iPhone や iPad などで有名な「Apple」、SNS を手掛ける「Facebook」、世界で e コマースサービスを展開する「Amazon.com」です。この 4 社の頭文字を取って「GAFA」(ガーファ)と呼ばれ、世界中で圧倒的な存在感を持っています。Amazon や Google など、大手インターネット企業のフィンテックの取り組みには早くから注目が集まっていましたが、なかでも最も積極的に取り組んでいるのは Amazon です。

Amazon は決済の分野で、「Amazon Pay」(アマゾンペイ)を提供しています。これは、Amazon 以外の **EC サイト**(→p.104)でも Amazon のアカウントを利用してログインし、Amazon のサイトと同じように決済できるサービスで、小売店での QR コード決済対応もはじまっています。さらに、Amazon Go など、新しい決済のしくみを取り入れた実店舗の運営も行っています。一方、デビットカードやクレジットカードを持たない人を Amazon のサービスに取り込むために、「Amazon Cash」というサービスも導入されています。Amazon Cash は、利用者が提携先の小売店に現金を支払うことで口座にチャージすることができます。利用者はスマートフォンに表示されるバーコードを小売店のレジ係に見せて、チャージする金額を伝えます。レジ係はそのバーコードをスキャンし、利用者がチャージする分の現金を小売店に支払います。

また、融資の分野では、Amazon マーケットプレイスに参加している販売事業者に対して運転資金を融通する「Amazon Lending」を提供しています。このサービスは日本でも展開されていて、最大で 5000 万円の融資を受けることができます。Amazon から見ても、自らのプラットフォームで事業を手掛けている企業に貸すため、ビジネスの状況がよくわかるというメリットがあるのです。

フィンテックの基礎を支える GAFA

Google と Apple は、それぞれ「Google Pay」「Apple Pay」というモバイルウォレットを提供しています。Google は、同社のベンチャー投資ファンドである「Google Ventures」を通じて、フィンテックのスタートアップ企業に対する積極的投資も行っています。Facebook は、メールサービスの「Messenger」を介して、利用者同士で送金を行えるサービスを提供しています。

このように GAFA のフィンテックへの取り組みを並べてみると、Amazon と他の3社で金融サービスに対する積極度の違いが感じられます。その背景には、Amazon のコア事業である e コマースにとって、決済や融資は大変重要な役割を果たしている一方、他の3社のコア事業と金融サービスはそこまで深く結びついていないということがあるでしょう。

しかし、フィンテックサービスを提供するスタートアップ企業や利用者にとって、GAFA が提供するインターネットサービスやスマートフォンなどのハードウェアは、どれも大変重要なものばかりです。GAFA はフィンテックを、直接・間接の両面で支えているのです。

GAFAの比較

	Google	Apple	Facebook	Amazon.com
創業年	1998年	1976年	2004年	1994年
売上高	1109億ドル※ (2017年12月期)	2656億ドル (2018年9月期)	407億ドル (2017年12月期)	1779億ドル (2017年12月期)
従業員数	80,110人	132,000人	25,105人	566,000人
時価総額 (2019年3月末日時点)	8169億ドル※	8957億ドル	4757億ドル	8747億ドル

※ Google の持株会社 Alphabet Inc.（アルファベット）の数値

Chapter	[3]	新興国のSuper Apps
Section	[04]	

アリババグループが手掛けるフィンテックサービス

フィンテックサービスの提供において、GAFAに比べても遜色なく、大きな存在感を示しているのが新興国のインターネット企業です。その最大の特徴は、SNSや検索・ナビ・買い物から支払いまでなど、さまざまな機能をひとつのプラットフォームに集約した「Super App」とも呼ばれるスーパーアプリの存在です。なかでも、中国のアリババ（Alibaba）グループが手掛ける「Alipay」（アリペイ、支付宝）とテンセント（Tencent）が手掛ける「WeChat Pay」（ウィーチャットペイ、微信支付）が有名です。

アリババグループは、中国のeコマース市場で圧倒的な存在感を持っており、B2Bのマーケットプレイスである「Alibaba.com」（アリババドットコム）にはじまり、**「独身の日」セール**(→p.104)で有名なB2Cの「天猫（Tmall）」（テンマオ）やC2Cの「淘宝（Taobao）」（タオバオ）、クラウドコンピューティングサービスなどを提供しています。

アリババグループの金融事業の主軸となるサービスはアリペイです。アリペイは、もともとeコマースの代金を安全に支払うしくみである**第三者決済サービス**(→p.113)からスタートしており、今では自社グループのeコマースの支払いに加えて、他企業が提供するeコマースやオンラインゲーム・音楽・映像などの料金の支払いをすることができます。eコマース以外にも、小売店やタクシー、病院など幅広い場所でQRコード決済が利用可能になっています。また、個人間の送金や支払いの割り勘といった機能も持っています。

アリペイの口座にある余剰資金を活かして、そのまま投資を行うこともできます。代表的な投資商品は**インターネットMMF**(→p.104)の「余額宝」(ユエバオ)です。他の金融機関のさまざまな金融商品を提供する「招財宝」(ジャオツァイバオ)というサービスも提供しています。融資関連では、オンラインレンディングの「MYbank」(マイバンク)、信用スコアである「芝麻信用」(ZHIMA CREDIT、ジーマクレジット)を提供しています。

これらのサービスはすべて連携していて、スマートフォンのアプリから簡単な操作で決済・投資・融資といった金融機能を利用することができるのです。アリペイの利用者数は2018年8月時点で6.4億人に達しています。これだけ多くの人々が手軽に金融サービスを利用できるようになったことは、まさにフィンテックの影響力の大きさを示していると言えるでしょう。

アリババグループの金融サービス一覧

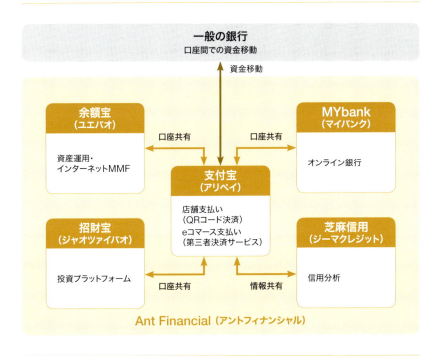

アントフィナンシャルはアリババグループの金融関連サービスを運営している

087

中国フィンテックのもう片方の雄テンセント

テンセントは、「QQ」や「WeChat」(ウィーチャット) などSNSツールを中心に、オンラインゲームや情報ポータルサイトなどを提供しています。2018年7～9月期におけるアクティブユーザー数はQQで8億人、ウィーチャットで10.8億人であり、世界でもこれほど多くの人々が利用するサービスは少ないでしょう。

テンセントが提供する金融サービスはアリババグループが提供するサービスとほぼ同様で、まず、第三者決済サービスのQQウォレットやウィーチャットペイがあり、eコマースや小売店などでQRコードを利用した支払いが可能です。

中国では、ご祝儀やいわゆるお年玉を「紅包」(ホンパオ)と言います。ウィーチャットペイでは、口座を通して送金する「電子版紅包」が2011年から提供され、2018年の旧暦の大晦日には、約7億人がウィーチャットペイで紅包を受け取ったと言われています。さらに、インターネットMMFの「理財通」やオンラインレンディングの「WeBank」といったサービスも提供しています。

ウィーチャットペイのスマートフォンアプリの画面左上には、QRコードを利用した支払いボタンがあり、資産運用の理財通、お年玉・送金の紅包などがすぐに利用できます。また、水道料金や電気料金、ガソリン代などの支払いから、病院の予約、飛行機チケットの予約・購入、タクシーの呼び出し・支払い、地域情報の入手など、日常生活で利用する各種サービスと連携しています。

ウィーチャットペイアプリの水道・光熱費などの支払い画面(筆者撮影)

インドを代表する Super App「Paytm」

インドにおける Super App では、One97 Communications 社が運営する「Paytm」(ペイティーエム) が有名で、利用者登録数は3億人に達しています。中国のアリババグループが One97 Communications 社に出資していることもあって、提供されるサービスはアリペイとよく似ています。

決済関係では、小売店での QR コード決済や利用者同士の送金、公共料金の支払いなどが可能です。また、映画チケットや鉄道乗車券の予約・購入などをアプリ上で行うこともできます。さらに、「Paytm Mall」という独自の e コマースも提供されていて、商品の注文から代金支払いまで、すべてアプリ上で完了できます。

中国のアリペイやウィーチャットペイと比べると、どこでも使えるという状況には至っていませんが、インドの人たちに金融サービスを提供する重要なインフラのひとつになっています。

Paytm が利用可能なムンバイの履物店 (左) と、さまざまな機能が選択できる Paytm アプリの画面 (右)(筆者撮影)

Chapter [3]

Section [05]

既存金融機関の動き

金融機関とスタートアップ企業の関係構築

既存の金融機関には、自らの組織の中にICTシステムを構築する機能を十分に持たないところも多くあります。また、社内のICTシステムは構築できても、モバイルやクラウドコンピューティング、AIなどの新しいテクノロジーには慣れていない金融機関もあるでしょう。このような状況において、新しいテクノロジーに取り組むスタートアップ企業との関係は、金融機関にとって欠かせないものとなりつつあります。そして、金融機関によるスタートアップ企業との関係構築方法としては、提携・出資・買収・育成といった手段が考えられます。

お互いの強みを提供しあう提携

金融機関とスタートアップ企業の提携では、金融機関の持つ多数の顧客や積み上げてきた信用と、フィンテック企業の持つテクノロジーというお互いの強みを提供しあうことが多くなっています。

具体的な事例としては、銀行とオンラインレンディング企業、資産運用会社とロボアドバイザー企業の提携が多く、オンラインレンディング企業との提携では、銀行の顧客の中でやや信用度の低い顧客を紹介するケースがあります。ロボアドバイザー企業との提携では、スタートアップ企業が開発したサービスを、金融機関が自らのサービスのひとつとして取り込み、顧客に提供しています。

提携よりもさらに関係を強固にしたい場合や、自由にテクノロジーを使いたいという場合には、スタートアップ企業への出資や買収の方向に進んでいきます。

フィンテック企業と既存金融機関の提携例

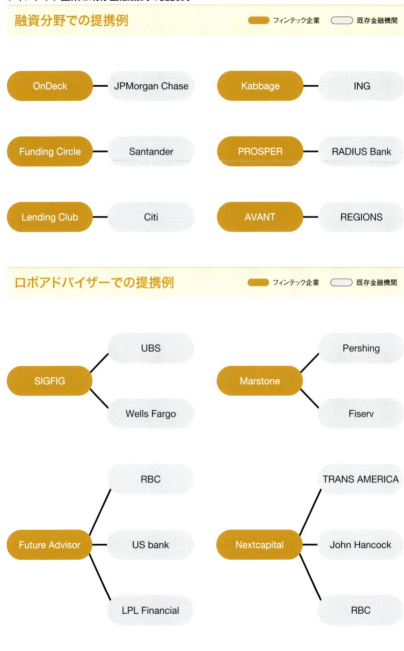

欧米の銀行で活発な企業育成

提携や出資・買収と比べて、やや趣が異なるのが育成です。育成では、設立したばかりのスタートアップ企業をサポートするアクセラレータープログラムの導入やインキュベーターが中心になります。

米国の銀行が導入するアクセラレーターとしてはWells Fargoの「Wells Fargo Startup Accelerator」が有名で、サンフランシスコの拠点において、6か月間のアクセラレータープログラムや各種専門家によるサポートが提供されています。欧州系銀行でもDeutsche Bank（ドイチェバンク）やBarclays（バークレイズ）が、欧州や米国に拠点を構えて企業育成を行っています。

既存金融機関による関係構築

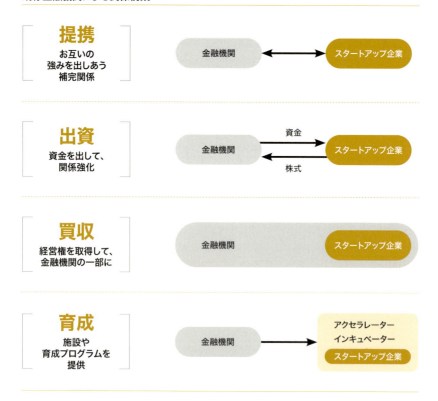

自らデジタル化を進める金融機関

金融機関の中には、独自に新しいテクノロジーを使える人材を雇用し、フィンテックサービスを展開する企業もあります。

米国を代表する投資銀行「Goldman Sachs」（ゴールドマンサックス）のCOO、David Solomon 氏は、2018 年 4 月に行った講演の中で、「ゴールドマンサックス社は 9,000 名を超えるエンジニアを雇用している。また、マシンラーニング（機械学習）に莫大な投資を行い、過去の経験に基づいて市場がどのように機能するかの予測を行っている」とコメントしました。さらに、「株式トレーディングにおいて、15 〜 20 年前にはマーケットメイク（値付け業務）を500 人で行っていたが、今では 3 人で行っている」とコメントし、ICT によって社内組織が大きく変化していることを明らかにしているのです 。

Goldman Sachs の変化は、既存ビジネスへのテクノロジーの活用にとどまりません。同社はもともと大口顧客を対象とした株式・社債等の引受業務や M&A の仲介業務などを手掛ける投資銀行であり、個人向けのサービスはあまり手掛けていませんでした。しかし、2016 年に個人顧客を対象としたオンライン融資・貯蓄口座サービスの「Marcus」（マーカス）を開始して、業界を驚かせました。

Goldman Sachs の創業者 Marcus Goldman からブランド名を取った Marcus ですが、主要なサービスは無担保の個人融資と貯蓄口座です。融資の期間は 3 〜 6 年、融資額の上限は 4 万ドルで、手数料をゼロとしていることも特徴となっています。融資も貯蓄もオンラインで申し込みができ、融資であれば数分程度で申し込み手続きが終了し、5 日以内には融資金額を受け取ることが可能になります。

このように、既存の金融機関もフィンテックの普及をただ見ているわけではなく、スタートアップ企業との協力や自らの経営資源の投入によって、積極的に事業の中に取り入れようとしているのです。

Chapter 3
Section 06

銀行のオープンAPI

オープンAPIによる結びつき

スタートアップ企業と既存の金融機関が提携などで結びつくことに大きな影響を与えるのが、「オープンAPI（Application Programming Interface）」です。APIとは、ソフトウェアの機能や管理するデータなどを、外部のほかのプログラムから呼び出して利用するための手順やデータ形式などを定めた規約を指します。たとえば、銀行によるオープンAPIは、銀行がシステムへの接続仕様をフィンテックのスタートアップ企業など外部事業者に公開して、あらかじめ契約を結んだ外部事業者のアクセスを認め、銀行と外部事業者との間の安全なデータ連携を可能にします。

オープンAPIの基本的なしくみ

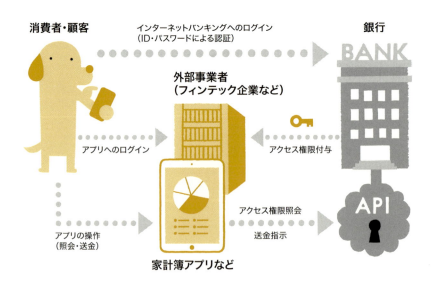

利用者の安心につながる情報の安全確保

具体的な利用例として、家計簿アプリは銀行や証券会社のデータをまとめて表示・管理してくれますが、データ収集には「Webスクレイピング」というウェブサイトから情報を取得する技術を使うことが一般的でした。この場合、利用者はサービスを提供する外部事業者に金融機関のログインIDやパスワードを知らせる必要があり、心理的な抵抗もあって普及のハードルとなっていました。

それが今後、オープンAPIによるデータ連携が進むと、ログインIDやパスワードを外部事業者に預けることなく、利用者自身が銀行のシステムとのデータ連携に関する許可を与え、サービスを利用することができるようになるのです。

銀行のAPIのオープン化は、日本や欧州で制度として導入が進んでいます。欧州では、統一通貨「ユーロ」の創設など、欧州連合（EU）が金融に関わる制度づくりを行っていますが、2015年に**「決済サービス指令」**（→p.104）を改正して、銀行にAPIのオープン化を求めることになりました。日本でも、2017年に成立した「銀行法等の一部を改正する法律」など、銀行のオープンAPIに向けた制度整備が進んでいます。

オープンAPIの推進は、スタートアップ企業などが新しい金融サービスを生み出すために必要な情報を入手しやすくし、便利な金融サービスが増えることが期待されます。一方、これまで金融機関内にとどまっていた大変重要な情報が外部に出るため、安心・安全の確保については十分な対応が求められるのです。

Chapter [3]
Section [07]

アクセラレーターとインキュベーター

スタートアップ企業をサポートするしくみ

フィンテックの主役であるスタートアップ企業は、創業から間もないこともあって会社組織として未成熟なことが多く、規制対応などを行う人材が不足しているケースがあります。このような人材の不足を補い、スタートアップ企業の成長を助ける組織やプログラムに「アクセラレーター」や「インキュベーター」があります。

アクセラレーターは、一般的に期間限定の支援プログラムです。数週間から数か月のあらかじめ設定された期間の中で、参加するスタートアップ企業がさまざまな相談に乗ってくれる**メンター**(→p.104)や専門家と協力し、ビジネスの拡大を図ります。最近では、スタートアップ企業とのつながりをつくりたい大企業が、協業を視野にプログラムを提供することも多くなっています。

インキュベーターは、通常、アクセラレーターに参加する企業よりも若い段階にある企業が対象となります。インキュベータープログラムに参加するスタートアップ企業は、多くの場合、特定のコワーキングスペースに移り、インキュベーター内の他の会社とともに仕事をすることになります。

米国のアクセラレーター、インキュベーター

フィンテック分野におけるアクセラレーター、インキュベーターについて、米国・シリコンバレーの「Plug and Play Tech Center」の例を見てみましょう。

同センターでは、フィンテックのスタートアップ企業に対し、12週間のアクセラレータープログラムを年に2回提供しており、1,000社の中から20〜25社が選ばれるという高いハードルを越えた企業が参加することが可能です。同センターのコワーキングスペースには、IoT(→p.104)やヘルスケアなどさまざまな業種の300社以上のスタートアップ企業が入居し、各種イベント等を通じて、ビジネスをつくり上げています。

過去には、GoogleやLendingClub、PayPal(→p.104)など、現在では著名になった企業が参加していた実績もあり、こうした卒業企業とのネットワークも、現在プログラムに参加しているスタートアップ企業にとって重要な資産になっているのです。2017年には、日本支社となる「Plug and Play Japan」が東京・渋谷に開設され、フィンテックを含む、さまざまな業種のスタートアップ企業支援の取り組みを開始しています。

同施設出身でエグジットに成功した企業のパネルが飾られているPlag and Play Tech Centerの壁（筆者撮影）

欧州のアクセラレーター、インキュベーター

欧州では、英国・ロンドンでの取り組みが進んでいます。2013年3月にOne Canada Squareビル39階でオフィス提供を含むプログラムをスタートした有名なインキュベーター「Level 39」には、現在170社超のスタートアップ企業が入居しています。

また、大手金融機関によるアクセラレーターも提供されています。ロンドンに本拠を置く国際金融グループBarclays（バークレイズ）がスポンサーの「Barclays Accelerator」は、13週間のアクセラレータープログラムです。選出された企業はBarclaysが提供するシェアオフィスのRise Londonへの入居が可能となり、さまざまなメンターへの相談もできます。

デンマークでは、Copenhagen FinTechというフィンテックの発展を促すための業界団体が活動しており、スタートアップ企業向けコワーキングスペース「Copenhagen FinTech Lab」を設立しています。入居企業は一定の月額料金を支払うことで、施設すべての利用と法務・広告・人事などのアドバイスを受けることが可能になっています。

ガラスで仕切られたCopenhagen FinTech Labの内部（筆者撮影）

日本でもアクセラレータープログラムが始動

日本では、既存金融機関によるアクセラレータープログラムが導入されています。三菱UFJフィナンシャルグループ（以下、MUFG）の「MUFG Digitalアクセラレーター」が先駆けで、2015年から毎年4か月のプログラムを提供しています。野村證券が提供する「野村アクセラレータープログラム VOYAGER（ボイジャー）」は、2017年に開始され、「人生100年時代の資産形成」「遊休不動産の活用」「テクノロジーやエンターテインメントを駆使した投資体験」「経理・財務情報活用」「働き方」「街づくり」という6つをテーマに参加企業を選択し、野村證券グループの専任サポーターによるサポートやオフィススペースの提供をしています。

また、日本生命やセブン銀行、三井住友カード、東京海上日動火災などは、オープンイノベーションプラットフォームの「creww」（クルー）と共同でアクセラレータープログラムを提供しています。いずれも継続的な活動になるかどうかは不透明ですが、このようにさまざまな金融機関がスタートアップ企業と積極的にふれあい、協業を模索することで、フィンテックのエコシステムがさらに深化することが期待されています。

crewwコラボによるオープンイノベーション

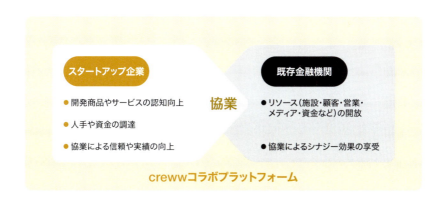

crewwコラボでは、金融機関だけでなく、メーカー・商社・物流・小売・インフラなどの大手企業とスタートアップ企業とのコラボが誕生している

Chapter [3]

Section [08]

政府・監督機関の対応

スタートアップ企業を支援する「規制のサンドボックス」

金融は「経済の血液」とも言われ、国家や都市の経済成長を支える重要な役割を担っています。収益性が高く、優秀な人材が集まる産業でもあるため、金融産業の発展を求める国家や都市が多いのも当然でしょう。そして、フィンテックが金融産業の発展に大きな影響を与えるようになってきたことから、フィンテックに対する政策は国家や都市の金融産業に対する政策の根幹になってきています。特に、英国やシンガポールなど金融産業を経済の柱としている国では、フィンテックを積極的に推進する政策を打ち出しています。日本もフィンテックを積極的に推進する国のひとつです。

フィンテックのスタートアップ企業を支援する代表的な施策に、「規制のサンドボックス」（Regulatory Sandbox）があります。これは、子どもが遊ぶ砂場のように、スタートアップ企業が規制を気にせずに革新的なサービスを開発・商用化できる実験的スペースを設ける試みです。規制を緩めることで、規制をクリアするために必要な工程数や時間を短縮でき、従来の規制下では実現が難しかった新しい金融サービスが市場に投入されることが期待されています。

有名なのは、英国の Regulatory Sandbox で、2015 年 11 月の導入から、4回にわたってプログラムを実行し、2018 年 12 月現在、第 5 回目の募集を行っています。プログラムに参加した企業には、サービス提供に認可が必要な場合に、その要件を緩めた限定的な認可を与えたり、テスト活動に対して法的措置を取らないことを示した「No enforcement action letter」を提供したりというメリットが供与されています。シンガポールやオーストラリアなどでも同じようなしくみが導入され、日本でも、2018 年 6 月に施行された「生産性向上特別措置法」で、規制のサンドボックス制度の創設が定められました。

規制のサンドボックス（イメージ）

規制を気にせずに革新的なサービスを開発できる実験的環境を、子どもが遊ぶ砂場（サンドボックス）にたとえた言葉

専門組織の設置やプロジェクト導入

フィンテックのスタートアップ企業を支援する専門組織の設置やプロジェクト導入も行われています。英国では、金融機関を監督する「金融行為規制機構」（FCA）が2014年10月に開始した「Project Innovate」があり、個別のフィンテック企業に対してコンプライアンスに関するアドバイスを行う「Innovation Hub」の設置とフィンテック発展に向けた制度改革の検討が行われています。シンガポールの中央銀行「シンガポール金融管理庁」（MAS）も、「FTIG（FinTech & Innovation Group）」を設置し、フィンテックに対する規制のあり方や開発戦略を検討させています。

日本では、フィンテックに関する一元的な相談・情報交換窓口として、金融庁が「FinTechサポートデスク」を設置しています。また、日本銀行もフィンテックに関わる組織として、「FinTechセンター」を設置しています。

フィンテックのエコシステムを活性化するために、大規模なイベントを主催する事例もあります。日本では、金融庁が日本経済新聞社と共同で「FIN／SUM」（フィンテック・サミット）を開催しています。2018年で第3回目となり、さまざまな講演や展示・ネットワーキングが4日間にわたって行われました。

バランスが重要な消費者保護とスタートアップ企業育成

金融機関は人々の大切なお金や金融商品を預かることから、簡単に倒産するようなことがあってはならず、預かったお金が盗まれるといった被害を防ぎ、消費者を保護する必要があります。マネーロンダリングやテロリスト資金への対応も喫緊の課題です。また、現在の金融システムはさまざまな企業や人々がネットワークでつながるため、どこかでトラブルが起こると被害が伝播して、金融システム全体にまで影響を及ぼす恐れもあります。そのような事態を防ぐために、特に中核となる金融機関には十分な備えが求められており、厳しい規制が課せられているのです。

金融機関への規制にはさまざまなものがありますが、たとえば日本で銀行や保険会社が事業を行うには、それぞれ銀行免許や保険業免許の取得が求められます。また、送金を手掛ける資金移動業者、仮想通貨の販売所や交換所を営む仮想通貨交換業者など、特定の金融サービスを提供するにあたって登録が必要となることもあります。経営の健全性を確保するために、一定以上の自己資本比率を求める自己資本比率規制や、トラブル発生時に備えて換金しやすい資産を一定程度保有することを求める流動性比率規制などが適用される金融機関もあるのです。

一方、フィンテックのスタートアップ企業は、銀行や保険会社などの従来の金融機関の業態に当てはまらない企業も多く、規制の枠組みから外れてしまうこともあります。また、人手や資金の不足から、規制への対応が十分にできないケースもあるでしょう。

スタートアップ企業の参入や成長を促し、新しい金融サービスの導入を促進するためには、できるだけ規制はないほうが良いのですが、お金を扱うフィンテックでは、他のサービス以上に消費者保護や犯罪防止が求められるため、そのバランスがこれまで以上に大きな課題となっています。これからはフィンテックサービスにおいても、消費者保護に向けた事業者の自己資本比率規制や保険制度の設立・加入、マネーロンダリングやテロリスト資金への対応としての口座開設時や金融サービス利用時の身分確認強化などが求められていくでしょう。

column 2

フィンテック企業ランキング

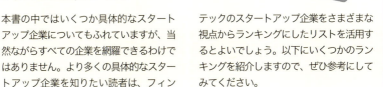

本書の中ではいくつか具体的なスタートアップ企業についてもふれていますが、当然ながらすべての企業を網羅できるわけではありません。より多くの具体的なスタートアップ企業を知りたい読者は、フィンテックのスタートアップ企業をさまざまな視点からランキングにしたリストを活用するとよいでしょう。以下にいくつかのランキングを紹介しますので、ぜひ参考にしてみてください。

1 KPMGとH2Venturesによる「FinTech100」
世界のマーケットリーダー50社を選ぶ「Leading 50」と、新興フィンテック企業50社からなる「Emerging 50」から構成されている。

2 IDCによる「IDC FinTech Rankings Top 100 & Enterprise 25」
スタートアップ企業だけでなく、大手ICT企業が含まれていることが特徴。2018年版では、野村総合研究所、NTTデータ、日立製作所、富士通などが含まれた。

3 Forbesによる「The Forbes Fintech 50」
上場企業と金融機関は除かれている。米国企業が中心。

4 FinTechCityによる「The FinTech50」
2012年から毎年公表されており、欧州から50社のスタートアップ企業を選出。

5 KPMGによる「China Leading Fintech 50」
中国で注目を集めているスタートアップ企業を50社選出。

用語解説

▶ **Brexit** (ブレグジット)

Britainとexitを合わせた造語で、英国の欧州連合（EU）からの脱退を指す。

▶ **ECサイト** (Electronic Commerce Site)

インターネット上で商品やサービスを販売するWebサイトのこと。

▶ **「独身の日」セール**

11月11日は、数字の「1」が並ぶことから「独身の日」と呼ばれるようになった。中国で学生たちがはじめた記念日とされ、自分への贈り物をすることが流行した。アリババグループのECサイト「天猫」では、2009年から大規模なセールが開催されるようになり、2018年のセールでは5兆円を売り上げたと言われている。

▶ **インターネットMMF** (Money Management Fund)

安全性の高い債券を中心に運用される投資信託で、インターネット経由で販売される。

▶ **決済サービス指令** (Payment Services Directive 2, PSD2)

EUが施行した、ヨーロッパの決済サービスに関する新しい法的枠組み。「消費者には、自分の口座情報を自分が活用する第三者サービスで利用する権利がある」という基本思想により、フィンテック企業による新しい決済サービスの誕生を促している。

▶ **メンター** (Mentor)

広義には、助言者・教育者・恩師。ここでは、創業から間もない企業や起業家に対して指導や助言をする人。メンターから指導や助言を受ける人を「メンティ」（Mentee）と呼ぶ。

▶ **IoT** (Internet of Things)

「モノのインターネット」と訳され、今までインターネットにつながっていなかったあらゆるモノをインターネットにつなぎ、モノに取り付けられたセンサーと通信機器により、離れたモノの状態を知ったり、操作したりできるようになる。

▶ **PayPal** (ペイパル)

インターネットを利用して決済サービスを提供する代表的なフィンテック企業でありそのサービス名。1998年、米国・サンフランシスコ州で設立された。

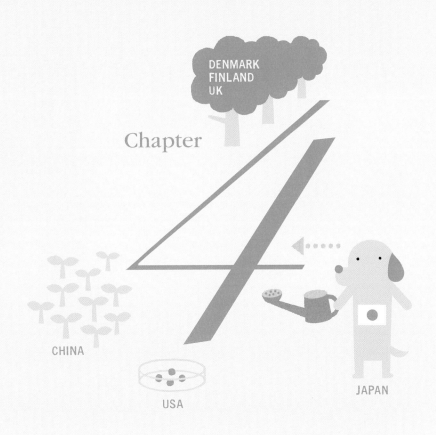

世界で広がるフィンテックの利用

リーマンショック後、米国で誕生したフィンテックサービスは、
英国や北欧諸国で普及し、中国で爆発的な広がりを見せています。
そして日本でも、産学官を挙げた取り組みがはじまっています。

Chapter 4
Section 01

米国のフィンテック事情

デジタルテクノロジーを生み出す米国

ICTの分野において、米国はまさに世界のリーダーです。フィンテックに欠かせないインターネットやスマートフォン、クラウドコンピューティング、AIなど、ほとんどのデジタルテクノロジーは米国で誕生して、世界に普及しました。シリコンバレーを中心に、フィンテックエコシステムの主役であるスタートアップ企業を多く生み出す文化もあります。さらに、インターネット産業を牽引し、フィンテックにも大きな影響を与えているGAFAは、すべて米国発の企業です。金融の面でも、世界的に有名な金融機関がニューヨークやシカゴなどに集積しています。こうしたことを考えると、米国が世界のフィンテックをリードしていることは当然のことかもしれません。

米国のスタートアップ企業の集積

① シアトル
Amazon、Microsoftなどが本社を置く

サンフランシスコ

② シリコンバレー
Google、Apple、Facebookなどが本社を置く、全米最大のスタートアップ企業集積地

③ ロサンゼルス
ハリウッドなどにエンターテインメント企業が集積

④ ボストン・ケンブリッジ
ハーバード大学、マサチューセッツ工科大学（MIT）など有名大学があり、大学発のスタートアップ企業が集積

シカゴ

⑤ ニューヨーク
金融、メディア、ファッション産業などが集積

カード中心のキャッシュレス決済

米国のフィンテック事情を「決済」の分野から見ると、過去には米国でも現金や小切手が主に使われていましたが、現在ではカード決済が主体になっており、特にデビットカードの利用が急速に増えています。クレジットカードはデビットカードと比べて高額な商品やサービスの購入時に利用されることが多いため、金額ではクレジットカードの比率が多くなっているという報告もあります。

米国における非現金決済手段別利用回数の推移

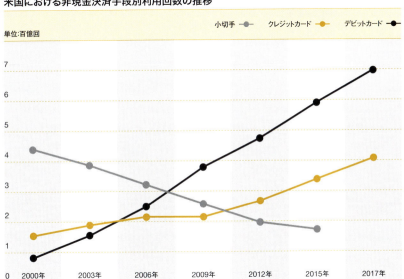

FRB「The Federal Reserve Payments Study」より。2017年の小切手は未公表

モバイル端末を利用した決済

では、スマートフォンなどモバイル端末を利用した決済はどうでしょうか。mPOSの導入では、Twitterの共同創業者でもあるJack Dorseyが2009年に設立した企業「Square」(スクエア)が有名です。スマートフォンやタブレット端末に小型のカードリーダーを挿し込むことで、小規模店舗でも手軽にクレジットカード決済を可能にしています。初期費用をなくし、決済手数料も低率に抑えることで、店舗が安価にカード決済を導入できるようにしているのです。

Jack Dorsey氏は事業を開始したきっかけについて、「共同創業者のビジネスや付近の小規模店舗が銀行からクレジットカードの利用を断られたことから着想を得た」とコメントしています。カード社会の米国でも、小規模店舗ではカード決済インフラの普及が遅れている部分があり、それを埋めるフィンテックサービスが活躍しているのです。

モバイルウォレットでは、Apple PayやGoogle Payをはじめ、小売大手のWalmart（ウォルマート）やクレジットカード会社、銀行など、さまざまな企業がサービスを提

屋外ジューススタンドでのSquareのレジ（筆者撮影）

供しています。モバイルウォレットの決済件数は、2012年の3億回から2015年には13億回に増加し、現在はさらに拡大をしているとみられますが、カード決済の件数と比べるとまだまだ少ないのが実情です。筆者が現地で聞いた意見でも、「カードでの決済に慣れており、いちいちスマートフォンを操作するのが面倒くさい」という声が多くありました。

米国では、モバイルウォレットよりもむしろP2P送金サービスに注目が集まっています。個人間の送金ではもともとPayPalが有名でしたが、現在はさまざまな企業がスマートフォンのアプリを使ったP2P送金サービスを提供しており、その代表的な企業が「Venmo」（ベンモー）です。1対1の送金や集金に加えて、複数の人に同時に支払いを要求する機能や、支払い情報の公開やコメントを友人に送付できる「ソーシャルストリーム」という機能も持っています。

また、JPMorgan ChaseやBank of America、Wells Fargoなどの大手銀行が参画する「Zelle」（ゼル）も大変人気です。Zelleは、銀行のアプリもしくはZelle独自のアプリで送金相手のメールアドレスまたは携帯電話番号を選択

して金額を指示すると、数分で送金が完了します。米国を代表する銀行の口座を持つ顧客が対象となるため利用範囲が広く、信頼度も高いことがアピールポイントになっています。

スタートアップ企業が
市場を形成する融資分野

「融資」の分野から見ると、従来、米国における個人や中小企業向けの融資は、商業銀行による融資やクレジットカードによる貸し出しが中心で、一般的な消費に加えて、住宅や自動車の購入や教育費など、幅広い用途で利用されてきました。しか

Venmo のスマートフォンアプリの 送金（左）とソーシャルストリーム（右）画面（Venmo ウェブサイトより）

し、リーマンショックとその後の金融危機をきっかけに、既存金融機関による融資姿勢は大変厳しくなり、比較的信用度の高い個人であっても、融資を受けることが難しい時期がありました。その隙を突く形で、普及しはじめたのがオンラインレンディングです。

オンラインレンディングの特徴について、LendingClubは、「同社サービスの借り手の支払う平均的な利率は、クレジットカードを使った借り入れ利率よりも低く、出資者に支払われる利息の利率は、銀行の預金金利に比べて高い」とし、借り手・出資者両方にメリットがあるとしています。また、銀行などに比べて申し込みから融資の実施までの期間が短く、スピードを重視する顧客の利用が多くなっています。こうしたスピードを達成するためには、融資の申し込みに対する迅速な審査が重要です。そこで、信用スコア「FICO」や、収入や年齢・学歴、過去の勤務経験などのFICOスコアに反映されない情報、SNSやインターネットから収集できる情報、企業であればeコマースでの販売・取引履歴データを収集して、独自の**アルゴリズム**(→p.130)で分析を行うことで早い審査を可能にしています。

LendingClub は個人向け融資を得意とするプラットフォーム型の企業ですが、中小企業向けを得意とする企業に OnDeck があります。自らが貸付をする直接融資型で、その融資債権は証券化して売却するビジネスモデルを取っています。

ほかにも、Prosper、Upstart、SoFi、Avant、Kabbage など、多くのオンラインレンディング企業が活動し、融資組成額は年々大きくなっています。ケンブリッジ大学がまとめた調査報告書を見ると、特にプラットフォーム型の個人向け融資が多く、企業向けでは直接融資型が急速に拡大していることがわかります。

米国のオンラインレンディングの形態別融資組成額推移

	融資組成額(単位:億ドル)		
	2014年	2015年	2016年
プラットフォーム型(個人向け)	76.0	180.0	211.0
直接融資型(個人向け)	6.9	31.0	29.0
プラットフォーム型(企業向け)	9.8	26.0	13.0
直接融資型(企業向け)	11.0	23.0	60.0
プラットフォーム型(不動産向け)	1.3	7.8	10.0

2017 THE AMERICAS ALTERNATIVE FINANCE INDUSTRY REPORT Hitting Stride より

米国では、クラウドファンディングの利用も普及しています。2012 年に成立した「Jumpstart Our Business Startups (JOBS) 法」(→p.130) と 2016 年に証券取引委員会(SEC)が JOBS 法をもとに作成した「Regulation Crowdfunding」など、制度の確立も追い風になっています。

株式型クラウドファンディングの代表的なプラットフォームは「WeFunder」です。投資組成先は ICT 企業が中心ですが、飲食店や小売店、エンターテインメント企業など幅広く、調達額の多い事例では、ハリウッドの独立系映画作成会社「LEGION M」やクラフトビールの醸造を行う「HOPSTERS」などがあります。

一方、購入型クラウドファンディングの代表的なプラットフォームには
「Kickstarter」や「Indiegogo」があります。Kickstarterは、アート、コミッ
ク、ダンスなど15分野のクリエイティブプロジェクトに限って案件組成をする
という特徴があります。Indiegogoは、資金提供者が200以上の国・地域か
ら集まる大変国際色豊かなプラットフォームとなっています。

公平性を重視する監督機関

米国にはフィンテックサービス全体を網羅する包括的な法律はなく、決済・融
資・投資・運用などで当てはまる法律が分かれています。また、多くの金融サー
ビスの提供において免許取得が求められているため、一般的に、フィンテック企
業が事業を行いたい州ごとに金融サービスの免許を取得する必要があります。

連邦政府の監督機関の中でもフィンテックに関わりが深いのが、「通貨監督庁」
（OCC）です。通貨監督庁は、イノベーションが安全で関連法・規制に準拠し、
消費者の権利を保護できる形で進められることを求めており、やみくもにフィン
テックを推進するのではなく、金融システムの安全性・健全性の担保、公正な貸
し出し、顧客の公正な取り扱いなどを重視しています。通貨監督庁による具体的
な取り組みとして、2017年に、ニューヨーク、ワシントンD.C.、サンフラン
シスコに「Office of Innovation」を設置し、Innovation Officerによる銀
行やフィンテック企業へのサポート体制の構築を進めています。

銀行業に進出しようとするフィンテック企業の増加を受けて、2018年からフィ
ンテック企業に対する「特別目的銀行免許」の付与も開始されました。免許を取
得したフィンテック企業は**「国法銀行」**（→p.130）という扱いを受けるため、フィ
ンテック企業の大きな不満のひとつであった「州ごとの監督や免許獲得」の解決
につながることが期待されています。一方、フィンテック企業を銀行と同じ厳格
な法律や規制のもとで監督することで、消費者・中小企業保護の強化や公平性の
確保もできるという狙いがあります。通貨監督庁以外の動きとしては、中央銀行
にあたる「連邦準備制度理事会」（FRB）が、決済分野などを中心に積極的に調
査報告書などを発表しているほか、証券取引委員会が、特に仮想通貨とICOの
分野での取り組みを強化しています。

Chapter [4]

Section [02]

中国のフィンテック事情

中国のフィンテックを支える圧倒的な利用者数

近年の中国は、米国にも劣らないフィンテック※大国です。そしてその特徴は、利用者の圧倒的なボリュームにあると言えるでしょう。

フィンテックの基盤ともなるインターネットの利用者数は、2018年6月に8億人にのぼり、世界で最も多い国になっています。また、そのうちの7.9億人がモバイルインターネットの利用者であり、スマートフォンなどモバイル経由の利用が大変多いことも特徴です。

実際のフィンテックサービス利用者も、アリペイの利用者数が6.4億人（2018年8月時点）など、他の国・地域をはるかに超える規模です。これだけ利用者数が多いと、ある企業がサービスを提供するとき、市場全体に占めるシェアが小さくても、数十万人、数百万人という規模の利用者を獲得できる可能性があります。多くの利用者を獲得できれば、1人当たりの利用料金は少なくても、全体では大きな売上高を計上することができるでしょう。

また中国の政策も、中国企業にとって有利にはたらいています。2000年代初頭には、国内外のインターネット通信接続を規制・遮断する機能である「金盾工程」が設けられました。それにより、Facebook や Twitter、Google など、海外のインターネットサービスの利用が制限され、中国独自のインターネットサービスやインターネット企業が発展しました。そしてフィンテックについても、海外のフィンテック企業ではなく中国企業が牽引役になったのです。

> ※中国ではインターネット＋金融の造語である「インターネット金融」という言葉を使うが、フィンテックとほぼ同義で使われていることから、本書ではフィンテックという言葉を使用する。

サービスの柱となる第三者決済サービス

中国のフィンテック普及には、eコマースの発展が大きな影響を与えています。これまで中国では、内陸部など多くの地域で小売店など商業施設が不足していましたが、インターネットとスマートフォンの普及と物流網の整備が進んだことにより、商業施設が不足する地域においてeコマース市場が大きく伸長してきました。しかし、eコマースでは、商品が発送されなかったり、代金が支払われなかったりする大きな問題が発生していました。

この問題への対応策として登場したのが「第三者決済サービス」です。これは、実績と信用を持つ第三者決済サービス事業者が、商品の引き渡しと代金の支払いを担保するサービスです。買い手はあらかじめ銀行口座から第三者決済サービス事業者の口座にお金を入れておくか、クレジットカードを登録しておき、商品が買い手に届いたのちに、代金が支払われるというしくみです。そして、当初はeコマースの支払いのために口座に入れたお金を、QRコード決済や投資など、さまざまな形で活用できるようにサービスが展開されてきたのです。

第三者決済サービスのしくみ

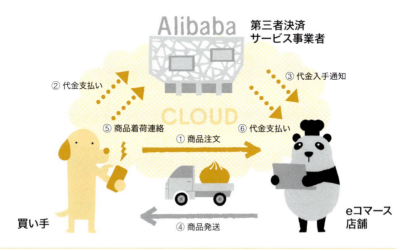

第三者決済サービス事業者が買い手と店舗の間に入り、商品の引き渡しと代金の支払いが担保されることで、eコマース市場が大きく伸長した

中国では店舗における QR コード決済が急速に普及していますが、その背景にはいくつかの要因が考えられます。まず、店舗での利用については、紙幣の偽造リスクが高いことや紙幣の最高額が 100 元（約 1,650 円）と小さいことなど、現金が持つ問題があります。また、e コマースの普及により多くの人が第三者決済サービスの口座を保有しているため、新たに利用者を獲得する必要がありませんでした。利用者がどの決済手段を使うかという選択をするときには、中国ではアリペイとウィーチャットペイのいずれかを利用すればよく、迷うことがありません。シェアリングエコノミーなどのサービスもスマートフォンを使って利用するため、支払いもスマートフォンで行うほうが便利なのです。一方、店舗側から見ると、カード決済に必要なカードリーダーなどの設備投資が不要なので、QR コード決済導入のハードルはかなり低くなっています。

中国でも 50 歳代以上の人々は、まだ現金を利用する人も多いと言われています。今後、上の世代の人々にもスマートフォンの利用が広がると、決済手段としての QR コード決済の利用もさらに進むでしょう。

P2P レンディングは急拡大から減速へ

中国では、オンラインレンディングの利用も進んでいます。プラットフォーム型のオンラインレンディングは「P2P レンディング」と呼ばれ、有名な企業として Lufax や PPdai、Renrendai、Yerendai などがあります。

P2P レンディングの主な借り手は中小企業や個人が中心ですが、その背景には銀行による融資の問題があります。中国の商業銀行は中小企業や個人への貸し出しに積極的ではなく、農村金融機関や少額貸付会社なども店舗などの物理的な制約があり、金利も高くなりがちです。一方、P2P レンディングでは、店舗などの物理的な制約がなく、借り入れの申し込みがしやすくなっています。貸し手・投資家から見ても、銀行金利が低すぎるという不満があり、比較的高い利回りを享受できる P2P レンディングでの運用が増加したのです。

また、直接融資型のオンラインレンディングも普及しています。こちらは、Super Apps と連携したサービスが多く、アリババグループの「MYbank」や

テンセントの「WeBank」、バイドゥの「Baixin Bank」といった大手インターネット企業の系列オンライン銀行によるサービス提供が進んでいます。それぞれ、グループ企業が持つeコマースや決済口座の取引履歴などによってつけられた信用スコアを軸に、与信判断が行われています。

中国におけるP2Pレンディングのプラットフォーム数と年間融資累計額の推移

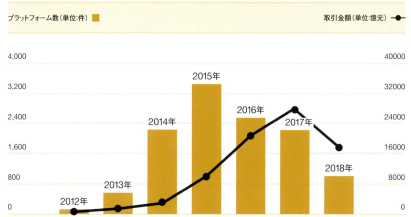

2016年8月にP2Pレンディングのプラットフォーム設立に対する規制が導入されてからは、プラットフォーム数は減少傾向にある。また、2017年には3兆元に迫る勢いの取引金額も、不正の取り締まり強化なども影響して、2018年は大きく減少する結果となっている（2018年中国網絡借貸行業年報〈網貸之家〉より作成）

投資の窓口「インターネットMMF」

中国では、経済成長と金融市場の発展につれて、資産運用・資産管理への関心も高まっています。既存の銀行や投資運用会社が販売する投資信託などでの運用も増加していますが、フィンテックと密接に関わる資産運用サービスである「インターネットMMF」が普及しています。

インターネットMMFの代表格は、2013年6月に提供を開始したアリババグループのファンド商品「余額宝」です。余額宝はアリペイと連動したサービスで、アリペイの口座残高を余額宝に移し替えるとMMFとして運用され、年率3%程度の利回り（2018年12月現在）を得ることができます。運用資金は即時に換金して各種決済に使うことができ、最低投資額は1元（約16円）から可能です。

余額宝のしくみ

アリペイから余額宝に移し替えた資金は、資産運用会社の天弘基金で、短期債券等リスクの低い投資信託MMF「増利宝」として運用される

その他にも、テンセントやバイドゥ、eコマース大手のJD.COM、Sunning.comといったインターネット企業や、通信事業者のChina Telecom、China Unicom、携帯電話ベンダーのXiaomiなどが、独自のインターネットMMFを提供しています。中国ではこのインターネットMMFの急速な拡大に対して、事故を防ぐための流動性リスク管理など、規制強化も進んでいます。余額宝も2017年から上限金額を段階的に引き下げるなどの対応を迫られています。

中国の投資運用残高は世界全体から見ると小さいのが現状ですが、インターネットMMFなどを軸にして、一気に投資先進国となる可能性も十分に考えられます。また、投資家層の広がりと投資資金の増加を背景に、ロボアドバイザーなど、資産運用に関わるフィンテックサービスの開発・普及も進むと考えられます。

利用者保護や犯罪防止を図るルールの明確化

中国ではフィンテックの普及によって、これまで金融サービスを十分に利用できなかった人々にも金融サービス利用の可能性をもたらし、生活の質の向上や経済の活性化につながることが期待されています。一方、新しいプレイヤーが新しいビジネスモデルで金融サービスを提供することが多く、従来の金融システムに対する政策・制度がうまく適合していない部分もあります。多くの人が使う金融サービスに何か問題が起こると社会や経済に与える影響も大きくなり、P2Pレンディングでは、投資家に多額の詐欺被害がおよんだ例もあります。

こうした課題を解決するため、中国政府も監督官庁の明確化や、決済やP2Pレンディングなど主要サービスに対応する法整備を進めています。

フィンテックに対する包括的な枠組みは、2015年7月に「インターネット金融の健全な発展の促進に関する指導意見」で示されました。これまでインターネット金融は新しいサービスということもあって、規制面の監督者が明確ではありませんでしたが、この指導意見によって各業務の責任機関が定められました。

第三者決済サービスについては、2016年7月から実施された「非銀行支払機関インターネット支払業務管理弁法」で、決済アプリの実名登録や決済可能な上限額が本人確認の方法で変化するように決められました。またサービス事業者には、顧客のリスク評価管理制度・メカニズムを構築し、リスク準備金制度と取引賠償制度も構築することが求められています。2018年4月からは、QRコード決済の1日当たりの取引に限度額が設けられています。

P2Pレンディングに対しては、2016年8月に「インターネット貸借情報仲介機関業務活動管理暫行弁法」が導入されました。事業を行うにあたって登録制を採用し、事業者の禁止行為として13項目が定められ、資金の管理・借入制限額・管理監督責任なども記載されています。2018年には、不正防止を確実にするために、新規事業者の登録を一時停止する事態となりました。

中国政府はフィンテックの重要性について言及しつつも、特に具体的な推進策を打ち出してはいないように見えます。すでにアリババグループやテンセントなどが提供するサービスの利用が広く進んでいるため、支援策を打ち出す必要を感じていないのかもしれません。それよりも、明確なルールを定めて利用者の保護や犯罪防止を図ることによって、人々が安心してフィンテックサービスを使える環境づくりを進めていると言えそうです。

Chapter [4]
Section [03]

欧州のフィンテック事情

国ごとの大きな違いを解消する欧州連合とユーロ

欧州には多くの国が存在しており、金融サービスのあり方も国によって大きく異なっています。たとえば、デンマークやスウェーデンなどの北欧諸国、ドイツ、英国などでは、ほぼ全員が銀行口座を持っているのに対し、ブルガリアやルーマニアなどの旧東欧諸国では、銀行口座の保有率は60%程度にとどまっています。

フィンテックの利用にも差があります。北欧諸国では、決済のキャッシュレス化が大変進んでおり、ロンドンが世界有数の金融センターであることを背景に、英国ではフィンテックのスタートアップ企業が多く誕生しています。一方、ドイツでは、キャッシュレス決済の比率が低い水準にとどまっています。その背景には、過去の大戦に至った経緯などから、プライバシーを重視し、買い物など個人の行動を監視されることを嫌がる国民の思いがあると言われています。

国ごとの大きな違いをなくす方向に向かわせる役割を果たしているのが、欧州連合（EU）と統一通貨であるユーロ（EURO）です。ユーロの発行や運用は欧州中央銀行（ECB）が行っており、ユーロを導入している国は、共通のルールに従う必要があります。決済に関わる規則として、2000年の「電子マネー指令」や2007年の「決済サービス指令」「改正決済サービス指令」などが定められており、EU加盟国はこれに対応する必要があるのです。

英国のEU脱退（Brexit）後、EUそしてユーロがより統合に向かうのか、それとも分散するのか、フィンテックサービスの利用やフィンテック企業の業績にも大きな影響を与えることになるでしょう。

北欧諸国で進むキャッシュレス決済

「決済」のキャッシュレス化については、デンマーク、スウェーデン、ノルウェー、フィンランドの北欧諸国が大きく進んでいます。

デンマークでは、小売店舗での現金利用率が1990年代初頭の約60％から2015年には約20％まで低下し、一方で、カード決済率が約80％まで上昇しています。首都コペンハーゲンのカフェにはPOSレジなどがなく、タブレット端末とICカードリーダーだけが置いてあるということも普通の光景です。また、自転車大国のデンマークでは、コペンハーゲンに自転車専用道路が整備されていますが、市民や観光客などが利用できるシェア自転車も、カード決済を前提としたつくりになっているのです。

コペンハーゲンのカフェに置かれたカード決済端末（左）と、液晶パネルからカード情報を入力するシェア自転車（右）（いずれも筆者撮影）

フィンランドでも、2000年以前は圧倒的に現金が利用されていましたが、2000年代に入ってカード利用が大幅に増加し、現在では、日用品の購入におけるカード決済の比率は80％に達しています。街中を走るトラム（路面電車）の自動券売機も、カード決済の操作がやりやすいように設計されています。

ヘルシンキのトラムの自動券売機
（筆者撮影）

銀行のコスト削減がキャッシュレス化の原動力

北欧諸国のカード決済の普及には、銀行が大きな役割を果たしました。デンマークでは、銀行が主導する形で「Dankort」という国内独自のデビットカードが広く普及しています。カード決済では、手数料など店舗側の費用負担の問題から、対応する店舗が増えないという課題がありますが、Dankortでは、加盟店から徴収する手数料を安く抑えることで、対応店舗の増大を達成しました。フィンランドは、かつては国内規格のデビットカードが普及していましたが、現在はVISAなど国際ブランドが提供するカードを利用することが一般的です。

北欧諸国ではカード決済が広く普及していますが、スマートフォンを利用した決済サービスもはじまっています。特に、スマートフォンのアプリを使って手軽に送金ができるP2P送金サービスが人気で、デンマークの「MobilePay」（モバイルペイ）、スウェーデンの「Swish」（スウィッシュ）、ノルウェーの「Vipps」、フィンランドの「Siirto」と、各国それぞれに代表的なサービスが存在します。

MobilePayは、デンマークの大手銀行であるDanskeを中心に、Nordea、Jyske、BOKISなどの大手銀行が協力することで、デンマーク国内での利用が一気に増加しています。MobilePayやSwishでは、店舗での支払いへの対応が進められていますが、利用実態はまだ限定的です。カード決済があまりに普及しているため、人々が店舗でモバイル決済を行う動機が少ないことが背景にあるようです。

北欧諸国では、政策面でも積極的にキャッシュレス化を後押ししています。たとえばフィンランドでは、国

MobilePayアプリの送金画面（筆者撮影）

民からの銀行口座開設の申し込みを銀行が受け入れる義務があり、子どもが生まれて半年もすると銀行口座を開設することが普通です。一方、現金の流通を少なくさせる政策もとられています。デンマークでは、年金や税金還付など公共部門の金銭の支給を、現金ではなく銀行口座に振り込ませる「NemKonto」という制度があります。フィンランドでも、給与や年金などを銀行口座に振り込むことが企業や政府に義務付けられています。

キャッシュレス決済の普及に合わせて、銀行の現金を取り扱う機能も縮小しています。デンマークでは、過去10年間に銀行の数が合併などで半分になり、支店の数もほぼ半減しました。また、現金を取り扱わない銀行支店も大幅に増加しています。フィンランドでも、2000年から2015年にかけて、ATMの設置台数が半減しているのです。このように、銀行にとって現金取引インフラの縮小によるコスト削減効果が、キャッシュレス化推進の大きな原動力となっています。

英国のチャレンジャーバンク

欧州のフィンテック事情を見る上で、英国の銀行の動きも重要です。英国の銀行業界は、1960年代には30行近くあった大手銀行が合併をくり返し、現在では6行程度に集約されてきました。しかし近年、こうした大手銀行の寡占状態を打ち破るべく、**「チャレンジャーバンク」**（→p.130）と呼ばれる新しい銀行の参入が相次いでいます。チャレンジャーバンクにはいくつかの形態がありますが、最も注目を集めているのが、支店やATMを極力持たず、インターネットやスマートフォンを通じて銀行サービスを提供する「デジタルオンリーバンク」です。主な銀行としては、MonzoやStarling、Atom Bankなどがあります。

Monzoは支店やコールセンターを持たず、スマートフォンのアプリを主な顧客との接点としています。顧客には当座預金とデビットカードを無料で提供し、口座から支払いを行うと、食料品・外食・交通費などの費用を項目ごとに分類・集計し、スマートフォン上にわかりやすく表示してくれます。利用者間では無料で即時送金もでき、カスタマーサポートもチャットで受けることができます。

Monzoのスマートフォンアプリ画面。日々の支出を項目分けして、月々の家計管理ができる（Monzoウェブサイトより）

デジタルオンリーバンクには課題もあります。Monzo や Starling は預金者の口座の獲得を積極的に行っていますが、集めた資金を融資・運用するスキームが定まっていないようにも見えます。融資の提供など、収益源の確保が最優先課題となるでしょう。

積極的にフィンテックとスタートアップ企業を支える英国政府

国としてフィンテックを育成する立場を明確にし、それに沿った政策を導入しているのが英国です。2014 年 8 月には、当時の George Osborne 財務大臣が、「英国を Global Fintech Capital として発展させる」と発言しています。

「金融行為規制機構」(FCA)は、2014 年 10 月に開始した「Project Innovate」において、個別のフィンテック企業に対してコンプライアンスに関するアドバイスを行う「Innovation Hub」の設置とフィンテック発展に向けた制度改革の検討などを打ち出しました。また、2015 年 11 月には Regulatory Sandbox が導入されています。

オンラインレンディングに対する優遇税制も導入されています。英国には、日本の NISA 創設の参考ともなった「Individual Savings Account（ISA）」という非課税投資・預金制度がありますが、2016 年 4 月に「Innovative Finance ISA」という P2P レンディングへの投資を対象とした口座が開設できるようになりました。金融行為規制機構と「英国歳入関税庁」（HMRC）の認可を受けた P2P レンディング事業者のサービスが対象で、2017 年に入って Funding Circle や ZOPA など、大手も認可を受けています。

フィンテックの根幹となる ICT 産業を育成する政策もとられています。2010 年末には、イーストロンドン地区において、税制優遇やビザの緩和も含む ICT 産業に特化した積極誘致政策「TechCity 構想」を打ち出しました。この政策を受けて、Google、Amazon を含めた世界トップクラスの ICT 企業が積極的に投資を行い、現在のロンドンは世界有数の ICT 集積地区となりました。こうした ICT 産業の強化がフィンテックの土台を支える礎となっているのです。

Chapter [**4**]

Section [**04**]

日本のフィンテック事情

フィンテック普及を阻む便利すぎた金融サービス

フィンテックの主なサービスとして、キャッシュレス決済やオンラインレンディング、ロボアドバイザー、オンラインでの海外送金などがありますが、おそらく日本では、「キャッシュレス決済はある程度利用されているが、オンラインレンディングやロボアドバイザーなどはまだまだ……」という状況だと思います。

このように日本でフィンテックサービスがなかなか普及しない大きな要因は、技術的に遅れているということではなく、銀行などの既存金融機関が提供する金融サービスが、すでに人々のニーズをおおよそ満たしていることにあると考えられます。私たちの家や職場の近くには、郵便局や銀行の支店・ATM が普通にありますし、コンビニエンスストアにも ATM が設置され、24 時間 365 日利用できます。カードローンの無人契約機なども多く見かけます。既存金融機関が提供する融資の利率も低く、オンラインレンディングの強みである金利の低さもなかなかアピールしづらい状況です。こうした状況下でフィンテックを普及させるには、コストや時間、使いやすさといった点で利用者のメリットを生み出し、それをアピールする必要があります。

一方で、大きな変化の胎動も感じられます。政府が出した**「未来投資戦略2017」**（→p.130）の中にある、「キャッシュレス決済比率を 40％にまで向上させる」という目標に呼応するように、さまざまな企業がキャッシュレス決済サービスを提供しはじめています。キャンペーンなども多く、人々の認知度・関心も高まりつつあるようです。今後は、消費税率引き上げ時のキャッシュレス決済向けポイントの付与や、2020 年の東京オリンピック・パラリンピックに向けて利用環境の整備も進みます。こうしたイベントなども活用しながら、フィンテックサービスの提供企業が利用者に向けて、あの手この手でアピールをすることで、徐々にフィンテックの利用が進むと期待されています。

キャシュレス決済の戦国時代に突入

日本は、先進国の中でも現金の利用率が高い国として知られています。経済産業省が2018年に発表した**「キャシュレス・ビジョン」**（→p.130）では、個人間および個人・店舗間取引のキャシュレス決済比率は18%であり、多くの国を大きく下回っていると指摘しています。

キャシュレス決済比率が低い背景には、いくつかの要因が考えられます。まず、紙幣がきれいで偽札が少なく、ATMが街中に多くあって入手も容易といった現金の使いやすさがあります。これまでのキャシュレス決済の中心的な手段であったクレジットカードや電子マネーへの対応が中小の商店や飲食店などで進まず、利用できない場合が多いことも影響しているでしょう。中小の店舗にとっては、キャシュレス決済のために必要なカードリーダーなどの導入と運用・維持にかかる費用が壁となってきたのです。

しかし近年、キャシュレス決済の普及に向けた動きも活発化しています。たとえば、「Coiney」（コイニー）などは、簡易的なカードリーダーを提供することで店舗の初期投資を減らし、カード決済の導入を行いやすくしています。米国の「Square」（スクエア）も、2013年から日本でサービスを展開しています。

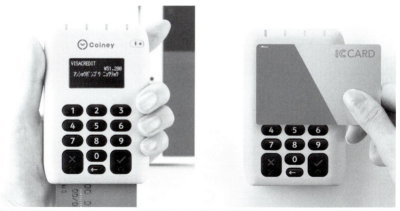

Coineyが提供するカードリーダー。接触型ICカード（左）、非接触型ICカード（右）での使用例（いずれもCoineyウェブサイトより）

これまで日本では、キャッシュレス決済の手段として、IC カードを利用した電子マネーが広く使われてきました。交通系では、JR 東日本の Suica や JR 西日本の ICOCA、首都圏を中心とする私鉄・地下鉄系の PASMO（パスモ）などがあり、流通系では、セブン＆アイ・ホールディングスの nanaco やイオンリテールの WAON、独立系では、楽天 Edy などが代表的な電子マネーで、それぞれの発行枚数は数千万枚規模に達しています。

最近の大きな変化は、スマートフォンのアプリを使ったモバイルウォレット型の決済サービスが一気に増えてきたことでしょう。Amazon Pay や Google Pay などはサービス開始から数年が経過し、店舗でも NFC 機能を使って支払いができるようになっています。日本企業によるサービスも増えており、中国のアリペイやウィーチャットペイなどに刺激を受ける格好で、QR コード決済を利用するサービスが多いのも大きな特徴と言えるでしょう。

特に、2018 年 10 月からサービスがスタートした「PayPay」（ペイペイ）は、同年 12 月に支払い額の一部または全額相当を還元する大規模なキャンペーンを実施し、大きな話題を呼びました。一方で、2019 年に入って還元が開始されると、クレジットカードの不正利用や架空取引、複数アカウントでの同一クレジットカードの利用などを理由に、付与が取り消されるということも起きています。この措置については賛否分かれるところですが、キャッシュレス決済の特徴がよく表れている出来事ではないでしょうか。

日本企業が提供する主なモバイルウォレット

サービス名	事業者名	主な特徴
LINEペイ	LINE	店舗での QR コード決済や QUICK Pay、オンラインでの決済が可能。会員同士の送金や割り勘機能も持つ
楽天ペイ	楽天	店舗での QR コード決済やオンラインでの決済が可能。楽天ポイントと連携
PayPay（ペイペイ）	ヤフー・ソフトバンク	店舗での QR コード決済。当面は店舗の初期導入費・決済手数料が無料
Origami Pay（オリガミペイ）	ORIGAMI（オリガミ）	店舗での QR コード決済。スタートアップ企業の運営で、幅広い企業と連携。資金調達額は累計で 88 億円

求められる標準化による使い勝手の向上

決済の分野で、金融機関以外の事業者が独自にさまざまなサービスを展開していることが目立っていますが、金融機関も動いています。

三菱 UFJ フィナンシャル・グループは、ブロックチェーン技術を使った「MUFG コイン」を開発、2018 年には「coin」に名称変更し、2019 年には 10 万人規模の大規模実証実験を経て実用化を目指しています。みずほ銀行・ゆうちょ銀行と複数の地域銀行は、共同で「J コイン（J-Coin）」を開発し、2019 年 3 月から決済サービス「J コインペイ」の利用を開始しています。銀行の預金口座と接続して、店舗での支払いや個人間送金などが中心的な機能となります。

このようにさまざまな企業が独自の新しいキャッシュレス決済サービスを導入し、戦国時代とも言える状況になっていますが、種類が多すぎることで消費者がどの電子マネー・決済手段を使うかについて迷ってしまうことは大きな課題と言えます。特に、電子マネーなどプリペイドの場合、利用する前に一定額を支払う必要があるため、複数のサービスを利用することは消費者に金銭面の負担感が出てしまいます。店舗にとっても、QR コード決済であれば初期投資などは抑えられますが、販売現場での複数規格への対応は複雑で大変な作業になるでしょう。すでに多くのサービスが乱立している現状を見ると、すぐには難しいかもしれませんが、共通化・相互互換などを進め、消費者や店舗が使いやすいしくみをつくることが重要だと考えます。

2018 年 7 月には、200 社以上の関連企業が参加する**「キャッシュレス推進協議会」**（→p.130）が設立され、QR コード決済の標準化が進められています。こうした活動により、消費者にとってより便利な決済のしくみが整うことが期待されます。また、キャッシュレス決済サービスを提供する企業の大きな狙いのひとつは、買い物や送金履歴などのデータの取得であり、そのデータをマーケティングや商品開発などに活用することを目指しています。一方、こうしたデータは、消費者個人のプライバシーにも関わるため、みだりに外部に漏れたりすることがないよう、保管や利用には十分な配慮・対策が必要とされています。

今後に期待のオンラインレンディングやクラウドファンディング

融資の分野では、ソーシャルレンディング※の比較サイトである「ZUU funding（旧クラウドポート）」がまとめた日本のソーシャルレンディング投資額を見ると、2018年初頭までは右肩上がりで、月度の募集金額が200億円超に達しましたが、2018年半ばから停滞しています。

> ※ZUU funding では「ソーシャルレンディング」という言葉を使っているが、本書では「オンラインレンディング」
> （特にプラットフォーム型）とほぼ同義として扱う。

日本では、企業向け融資の需要面について、多くの企業は適正な借り入れができているという状況にあり、他の融資手段に対するニーズはそれほど高くありません。個人の借り入れも、銀行や大手消費者金融会社、クレジットカード・信販会社など、さまざまな借り入れ先があります。

こうした中で、国内不動産や再生可能エネルギー事業向けなどでオンラインレンディングによる融資が組成されてきましたが、2018年には、「ラッキーバンク」や「グリーンインフラレンディング」などで行政処分と返済遅延があるなど、オンラインレンディングのリスクが表面化して、募集額の減少にもつながっています。各方面から指摘されている大きな課題に、貸金業法によって貸し手が融資先の詳細を知ることができず、リスク判断が難しくなっているということがあります。これについては現在、開示を充実させる方向で検討が進められており、より透明な取引につながることが期待されています。

オンラインレンディングに利用される信用スコアの作成も動きはじめており、みずほ銀行とソフトバンクが出資する「J.Score」（Jスコア）が、2017年からサービスを開始しています。年齢や最終学歴などの質問に答えると、信用力が1,000点満点で点数化されます。性格診断や趣味など任意の質問に答えると、評価がさらに精密になります。

SNSプラットフォームを運営する「LINE」も、ユーザーの信用を数値化する「LINE Score」を2019年上半期から開始すると発表しています。ユーザーが入力した属性情報や、LINEなど同社プラットフォーム上で収集した行動傾向データを分析し、スコアが算出されます。このLINE Scoreを利用して、個人向け融資サービス「LINE Pocket Money」も展開する予定になっています。

クラウドファンディングも市民権を得つつあります。有名なプラットフォームとして、「キャンプファイヤー」「レディフォー」「カウントダウン」「マクアケ」などがあり、さまざまなプロジェクトを支援する重要なツールとなっています。

積極的にフィンテックを支援する日本政府

日本政府は、フィンテックに対して推進していく立場を明確にしています。政府の成長政策である「未来投資戦略2017」の中では、2020年6月までに80行以上の銀行におけるオープンAPIの導入や、キャッシュレス決済比率を今後10年以内に40%にまで向上させることなどが掲げられています。フィンテックを促進するために、銀行法の改正や資金決済法の改正も行われ、フィンテックに関する一元的な相談・情報交換窓口となる「FinTechサポートデスク」も運営されています。

また、銀行や証券といった業態ごとに定められている金融・商取引関連法制を、同一の機能・リスクには同一のルールを適用する機能別・横断的な法制に見直すことが進められています。金融サービスのあり方にも大きな影響を与えることが予想され、注目を集めています。

用語解説

▶ アルゴリズム

もともとは、コンピュータのプログラムをつくるときの手順や計算方法。広義には、問題を解決するための手段・方法として使われる。

▶ Jumpstart Our Business Startups (JOBS) 法

スタートアップ企業が資金調達を容易に行えるよう規制緩和する目的で成立した米国の連邦法。簡素化されたプロセスで、株式型クラウドファンディングによる1年間に100万ドルまでの資金調達ができるようになった。

▶ 国法銀行

米国の銀行には、商業銀行、銀行持株会社、貯蓄金融機関、信用組合がある。商業銀行では、連邦が免許を供与する国法銀行と州が免許を供与する州法銀行があり、このうち国法銀行の免許供与については通貨監督庁が行っている。

▶ チャレンジャーバンク

銀行業務ライセンスを取得し、既存銀行と同じサービス（当座預金、普通預金、住宅ローンなど）をすべてモバイルアプリ上で提供するビジネスモデル。既存銀行と連携をする必要がないので、新しい銀行サービスを提供する可能性がある。

▶ 未来投資戦略 2017

「健康寿命の延伸」「移動革命の実現」「サプライチェーンの次世代化」「快適なインフラ・まちづくり」「FinTech」を戦略分野とし、第4次産業革命（IoT、ビッグデータ、人工知能、ロボット）のイノベーションの産業や社会生活への取り入れにより、さまざまな社会問題を解決する社会の実現を目指す政策。

▶ キャッシュレス・ビジョン

「訪日外国人対策」「事業者の生産性向上・コスト削減」「消費者の利便性・安全性向上」を主な目的として、日本国内のキャッシュレス比率を、2025年までに40％に、将来的には世界最高水準の80％にまで引き上げることを目標としたビジョン。

▶ キャッシュレス推進協議会

国内外の関連諸団体・組織・個人、関係省庁等と相互連携を図り、キャッシュレスに関する諸々の活動を通じて、早期のキャッシュレス社会の実現を目的とする。

新しいテクノロジーを活用した保険
「インシュアテック」

「大数の法則」という保険成立の特徴などから、
保険分野におけるスタートアップ企業と既存保険会社との関係は、
フィンテックとは少し異なる展開を見せています。

Chapter [**5**]
Section [**01**]

保険のしくみ

みんなで損失を分担する「保険」

私たちが日常生活を送る中で、その存在を意識することが少ない「保険」は、いざというときに助けてくれる重要な金融サービスです。たとえば、病気にかかったときは医療保険が、住居には家財保険や火災保険・地震保険などが備えとなります。車を運転する人は自動車保険に入ります。このように、私たちはいくつもの保険に加入して、日常生活で起こりうる重大な被害に備えています。

保険とは、保険契約者（個人や企業など）が保険料を支払い、あらかじめ約束した一定条件（保険事故）が発生した場合、保険者（保険会社など）が約束した保険金を支払うしくみです。

保険が成り立つ上で重要な原則は「大数の法則」です。たとえば、サイコロを1回振ったときにそれぞれの目が出る確率はバラバラですが、振る回数を多くすると確率は6分の1に近づきます。これと同様に、個人が病気にかかったり、交通事故を起こしたりするかどうかは予想が難しいですが、大きな集団全体で見れば、病気や交通事故が起こる確率は一定に近づきます。保険は、この確率をもとに集団全体での損失額を予測し、その額を保険契約者が公平に負担することで、全員が万が一の損失に備えることを可能にするしくみなのです。従って、大数の法則が適用できるような大きな集団がない、または合理的な一定の確率が導き出せない場合には、保険は成り立ちません。

その保険においても、新しいテクノロジーの利用が進んでいます。フィンテックが決済や融資、資産運用など、主に銀行の手掛ける金融サービスへのテクノロジーの活用であるのに対し、保険のテクノロジー活用は、保険（インシュアランス）×テクノロジーで、「インシュアテック」（InsurTech）と呼ばれています。

保険会社にとってのインシュアテックの利用目的

保険契約者が保険会社に支払うお金を「保険料」と言います。一方、事故が発生したときに、保険会社から被保険者に支払われるお金は「保険金」です。被保険者が持つリスクの大きさに比例して保険料を増減することで、保険契約者の間の公平性を保っています。

万が一の損失に備える保険のしくみ

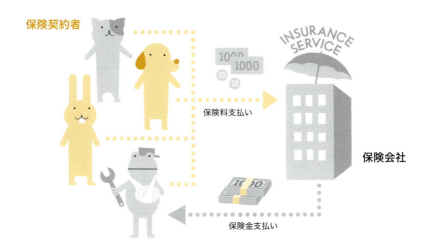

ネコ、イヌ、ウサギ、カエルが保険契約者となって傷害保険料を支払い、保険会社からケガをしたカエルに保険金が支払われる

保険会社が手にするお金は、保険契約者が支払う金額の合計であり、「表定保険料」と呼ばれています。一方、被保険者に支払われる保険金の合計を「純保険料」と呼び、それ以外に、保険会社が経営に必要とする経費や代理店手数料、企業の利益を合計した額を「付加保険料」と呼びます。

表定保険料＝純保険料＋付加保険料

保険会社にとっては、表定保険料の増加、および純保険料や各種経費の減少が利益の増加につながるため、インシュアテックの利用でこれらを実現することも主な目的になります。

保険の分類

保険は分類上、「生命保険」と「損害保険」に大きく分けることができます。生命保険には、被保険者が死亡したときに支払われる「死亡保険」と、被保険者が一定の保険期間の満了まで生存したときに支払われる「生存保険」があります。契約期間は長期間で、契約段階で保険金額が確定していることも特徴です。

損害保険は、自動車・火災・地震・海上・賠償責任など、さまざまな分野で損失を補償します。契約期間は掛け捨ての1年契約が中心となり、契約時点で損害発生時に支払う保険金額の上限を定めることが一般的です。

また日本では、傷害保険や医療保険・介護保険など、生死を対象としない人的保険を、「第3分野の保険」として取り扱っています。

主な保険の分野

保険会社の主な業務

保険契約者（顧客）が関わる保険会社の主要な業務には、保険の募集・引受査定・契約、事故が起きた場合の損害調査、保険金の支払いなどがあります。それ以外にも、商品開発や預かった保険金を運用する資産運用・投資業務、コンプライアンス対応などは、保険会社の大変重要な業務です。

保険会社の主な業務

業務名	業務の概要
商品開発	顧客のリスクを洗い出し、需要があれば保険商品を開発。
募集 引受査定 契約	顧客に保険商品を販売する。 保険代理店（エージェント）、保険仲立人（ブローカー）が間に入ることも多い。 契約にあたり、顧客が抱えるリスクを精査し、加入可否や保険料率を決める（引受査定）。
資産運用	顧客から預かった保険料を支払うまで運用し、増やすことで、収益の上乗せを図る。 一般的な運用先は、国内外の債券・株式・不動産など。
保険金請求 損害調査	保険事故が起こったとき、保険金が支払われる。 損害保険では、損害額の認定や過失割合などを専門家が調査する。 生命保険では、死因の把握など医務査定が行われる。
保険金支払い	損害調査や医務査定を経て、確定した保険金が支払われる。

Chapter [5]
Section [02]

インシュアテックとは

ユニークで効率的な保険サービスの提供を目指す

「インシュアテック」という言葉は、2015年頃から一般に使われはじめましたが、「フィンテック」ほど知られていないというのが現実です。その背景には、フィンテックの主要分野が、決済や融資など、人々が日常ふれる機会が多い金融サービスであるのに対し、保険では、保険料の支払いは毎月行っていても、契約は多くて年1回、保険金の請求となると数年に1度あるかどうかという接点の少なさが影響しているでしょう。

保険業界でのICTの活用は、最近になってはじまったわけではありません。保険会社の主要な業務は、すでにICTシステムの利用を前提として成り立っていますが、今までの保険会社のICTシステムは、主に内部業務を対象に構築されてきました。一方、インシュアテックはフィンテックと同様に、一般の消費者や企業など、外部の主体をデジタル化されたネットワークでつなぎ、ユニークで効率的な保険サービスを提供することを目指しているのです。

また、現在の保険会社の基幹系システムは大型のメインフレームコンピュータを軸に構築されていることが多いため、インターネット時代に合ったオープンなしくみをうまく取り入れ、モバイル（スマートフォンやタブレット）、IoT、ビッグデータ、AIなど、新しいICTを活用したいという意向も強まっています。

インシュアテックのエコシステム

フィンテックでは、既存の銀行や資産運用会社ではなく、スタートアップ企業が独自に消費者にサービスを提供するビジネスモデルが多く登場しています。一方、保険はもともと「大数の法則」が基礎にあるため、事業が成り立つためには最初から一定規模の契約が必要です。また、いざというときに保険金が支払われ

るという約束をきちんと履行させる必要があり、監督機関の許認可のしくみもかなり厳しいものとなっています。こうした事情もあって、独自に保険事業を手掛けるスタートアップ企業はあまり出てきていないのが現状です。

しかし、保険事業におけるスタートアップ企業の役割が少ないということではありません。既存の保険会社は、保険の商品開発から保険金の支払いまでの業務のすべてを自社の組織内でこなしていますが、こうした機能の一部に特化し、効率性を高めたサービスを提供するスタートアップ企業が出てきています。インシュアテックではフィンテック以上に、既存の保険会社とスタートアップ企業による協業が積極的に模索されているのです。

保険事業におけるスタートアップ企業の役割

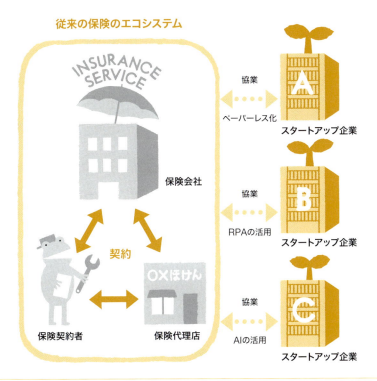

インシュアテックにおけるスタートアップ企業は、従来の保険のエコシステムに対して、ペーパーレス化やRPA、AIの活用などの分野で協業する役割が見られる

Chapter	5	デジタル化による
Section	03	業務プロセスの改善

古くて新しい課題ペーパーレス化

保険会社にとって、契約や保険金支払いなどに伴う事務作業の効率化は大きな課題です。そのため保険会社は、ペーパーレス化やRPA（Robotic Process Automation）、AI（人工知能）など、新しいテクノロジーの導入を積極的に進めています。

ペーパーレス化については比較的古くから取り組まれていますが、契約や保険金請求時など、紙を使う手続きはまだまだ多く残されています。業務の流れの中に紙を使ったアナログな手続きが入ると、電子データの流通が妨げられ、情報のアウトプットやインプットの作業も必要になります。紙を利用した手続きをなくすとこうした作業も減らすことができ、得られる電子データをうまく企業活動に活かせるようにもなるのです。

保険の募集では、営業担当者がタブレット端末を利用することによるペーパーレス化が進んでいます。これにより、書類の郵送にかかる時間の短縮や、書類記入・捺印といった顧客にとっての負担を減らすことができます。さらに、申し込みデータと社内システムを自動的に連携させることで、社内の業務効率化にもつながります。手続きだけでなく、保険証券のペーパーレス化も進んでいて、契約者がインターネット上で自分の保険内容を確認するしくみが導入されています。

現在の業務のペーパーレス化に加えて、過去に紙で提出された情報を電子化する作業も必要となります。そのため、紙で提出された請求書などのデータを、スキャナーを使ってICTシステムに入力するイメージワークフローの導入も進んでいます。

事務作業を効率化する RPA

近年、急速に進んでいるのが、RPA の活用です。RPA は、データ入力や情報チェックなどの業務を、効率化・自動化するソフトウェアロボットです。RPA では、主にこれまで人間が行ってきた定型的なパソコン操作（表計算ソフトやメールソフトなど）の自動化や、**ERP（基幹系業務システム）**(→p.154)など複数のアプリケーションを使用する業務を自動で行うことができます。

保険業務での RPA の導入事例として、日本生命の住所変更業務の自動化があります。もともと日本生命では、住所変更業務を4人で行っており、以下のような作業の流れになっていました。

①コールセンターのオペレーターが、契約者から住所変更の連絡を受け、その内容を受付用のシステムに入力。
②オペレーターとは別の担当者が、入力内容を確認のうえ、新住所を印字した記録紙「声カード」をプリンターで出力。
③さらに別の担当者が、契約者情報を管理するシステムの操作画面を立ち上げ、声カードの記載内容に基づいて新たな住所をシステムに登録。
④システムへの登録内容に誤りがないか、4人目の担当者がチェックして住所変更の手続きを完了。

RPA の導入によって、オペレーターが住所変更の依頼を受け付けたあとの一連の処理（上記②③）をソフトウェアロボットに任せることで、1件当たりの処理時間が3分から30秒に短縮され、入力ミスも大幅に減少したと言います。

RPA で使われるソフトウェアロボットは、365日24時間体制で稼働することができるため、データの集計・統計作業や加入者から電話をする必要がある対象者の抽出作業などを夜間に行って、人間の作業に備えることができます。RPA は基本的に人間が行っている作業を置き換えるため、保険会社が持つ ICT システムを大きく変更することなく、効率化を進められることも、時間や費用などの面から大きなメリットとなっています。

目となり耳となる AI

保険業界においては、ヘルプデスクやコールセンターへの問い合わせや損害調査の画像診断などで AI の活用がはじまっています。

コールセンターでの音声認識技術を活用したシステムの導入事例として、損害保険ジャパン日本興亜が 2016 年に導入した「アドバイザー自動知識支援システム」があります。そのしくみは、顧客とコールセンターのアドバイザーとの通話内容を AI による音声認識技術(音声マイニングシステム「ForeSight Voice Mining」)でテキスト化し、そのテキストデータに基づいて、アドバイザーが使用するパソコン上にリアルタイムで最適な回答候補が表示されるというものです。

海外では、カナダの Manulife が、コールセンターにおいて音声認識で口座にアクセスできるしくみを導入しています。また、電話をかけてきた顧客に対して AI が音声で回答する自動通話対応も導入がはじまっています。米国の GEICO が導入したモバイルアプリ「Kate」(ケイト)は、顧客による問いかけを理解し、保険料の支払い期限などを教えてくれます。さらに、英国の Aviva や米国の Liberty Mutual Insurance は、AI スピーカー「Amazon Echo」を使って、話しかけると現在の年金の価値を教えてくれたり、自動車保険に関する対話ができたりするエコー音声対応デバイス「Skill」(スキル)を開発しています。今後、AI と顧客とのインターフェースは音声にとどまらず、テキストの**チャットボット**(→p.154)、アニメキャラクターによるジェスチャー、VR(バーチャルリアリティ)の利用など、さまざまな手段が登場すると見られ、こうしたインターフェースを通じて、AI に保険の相談や各種請求を行い、最適なアドバイスを受けるようになっていくのです。

保険の新規契約時に行う引受審査においても、AI を活用しようという動きが出ています。日本では、損害保険ジャパン日本興亜が、2018 年 6 月から取引信用保険の保険引受審査で AI を導入すると公表しています。AI が契約者(被保険者)の取引先企業の財務情報やマクロ経済情報などを含む周辺情報を考慮し、取引先企業の信用力を分析します。損保ジャパン日本興亜は AI が分析した取引先企業の信用力を参考に、保険金額・保険料率などの保険引受条件を決定します。

損害保険では、損害調査にAIを利用することも行われています。たとえば、英国のTractable社のAIは、過去の数億枚にものぼる事故車両の画像をあらかじめ学習しており、事故の写真から外部・内部の損傷の状況を判断することができます。契約者本人や修理工場の職人、保険会社の調査員などによるさまざまな角度から撮られた事故車両のデジタル画像を同社に送ると、AIは自動車のどの部分を撮影した画像なのかを分類します。そして各画像から傷の深さや大きさなどを判断し、その部品を修復すべきか、新しい物に交換すべきかの診断をします。部品ごとに修理・交換の方向が決まると、かかる費用を計算して修理費総額を提示するところまで行うのです。

AIが事故車両の画像から自動車のパーツを分類する（Tractableウェブサイトより）

保険会社が支払った保険金について、支払いデータなどを分析することで保険金詐欺を検出するサービスを提供する企業もあります。2014年にフランスで創業したShift Technologyは、過去の保険金請求データを分析し、不正な保険金請求を発見するシステムを提供しています。すでに世界中で50社以上の保険会社と契約を結び、日本でも2018年4月にMS＆ADインシュアランスグループの三井住友海上火災保険とあいおいニッセイ同和損害保険との提携を発表しています。

Chapter [5]
Section [04]

IoTと保険

注目を集める IoT と危機対応による事故予防

カメラやマイク、温度センサー、圧力センサーなど、さまざまな種類のセンサーがインターネットでつながる「IoT（Internet of Things）」が、保険業界に大きな変化をもたらそうとしています。特に、自動車と組み合わせた「コネクテッドカー」、住居と組み合わせた「スマートホーム（スマートハウス）」、さらに、**ウェアラブル機器**（→p.154）を使った人の健康情報の利用が注目分野です。

何か損害が起きたときに、いち早く情報を入手するためにも IoT は利用されますが、IoT と危機対応を組み合わせることで、保険事故そのものを減らしていこうという事故予防的な取り組みも注目を集めています。契約者にとっても、保険会社にとっても、事故の減少や長寿・健康の達成はメリットが大きいのです。

保険会社自身は、IoT のセンサーやそれをつなぐネットワーク、情報を分析するシステムなどを持たないため、これらを提供し、システムを運営する企業と提携・連携していく必要があります。IoT 機器ベンダーやネットワークオペレーター、自動車メーカー、ロードアシスト会社など、関連する企業と、どのようなエコシステムを形成するのかが、差別化の大きな要素になるのです。

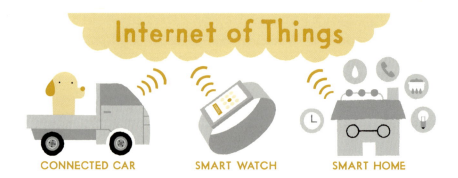

変化する自動車保険とコネクテッドカーの関係

一般的に自動車保険は、運転者の事故歴・年齢、使用地域などの契約者の個人属性や、車種・車齢、車両使用目的などの車両に関する情報を組み合わせて、保険料を算出しています。

しかし、属性が似ていても、実際の運転スキルや癖などは、個人でかなり異なります。そこで、自動車にセンサーを装着して、運転者ごとの車両の走行データを収集し、保険料に反映させる自動車保険が導入されています。こうした保険は「UBI（Usage-Based Insurance）」や「テレマティクス自動車保険」と呼ばれており、特に米国では、多くの保険会社から提供されています。

UBIの契約者は、車載測定装置を車に装着し、一定期間にわたって運転状況（加速・ブレーキング・運行スピード・距離・駐車時間など）を計測します。その結果、安全な運転を行う人には保険料が割り引かれます。最近のUBIでは、専用の車載測定装置を取り付けるのではなく、スマートフォンのアプリだけで運転時の情報収集をするサービスもあります。専用の機器を取り付ける場合でも、その性能はさまざまで、収集したいデータの種類と費用を比較して決定されるのです。

The Progressive Insuranceが提供するUBIデバイス「Snapshot」

現在のUBIは保険料を割り引くことが多いですが、それ以外の方向も少しずつ出てきています。たとえば、米国のスタートアップ企業であるMetroMileでは、走行距離に応じて保険料を決定するサービスを提供しています。契約者の車に装着されたMetronomeデバイスが走行距離を測定し、リアルタイムに送られてきたデータをベースに保険料が計算されるのです。

また、これまでは測定結果を保険料に反映させることが中心でしたが、自動車に取り付けたセンサーの情報から危険を察知して契約者に知らせることで、保険金の支払いにつながるような事故を防ぐというサービスも進みはじめています。

さらに自動車のスマート化が進み、自動運転化されると、保険との関係はかなり大きな変化を余儀なくされます。社会全体で完全に自動運転化がされた場合には、自動車事故が極端に減少し、保険の加入が必要ない状況も想定されるでしょう。また、自動運転の普及は、自家用車の保有からカーシェアリングなどへの移行も促すと考えられており、こちらも保険加入の減少要因になります。

もちろん、このような状態になるまでには、かなりの時間がかかります。また、自動運転車が絡んだ事故の補償をどのように負担するのか、誰がどういった保険に入るのかといった課題などが、当面の議論のテーマとなるでしょう。

損害保険と連動するスマートホーム（スマートハウス）

建物や家財などにセンサーを取り付け、ネットワークで結んで状況をモニタリングできるようにしたスマートホーム（スマートハウス）と損害保険を連動させる動きも出ています。

具体的な事例として、英国のNeosでは、建物や家財に対する保険と各種センサーや監視・アシスタントサービスを組み合わせて提供しています。センサーの種類は、モーションセンサーや漏水センサー、煙センサー、監視カメラなどで、これらセンサーからの情報は契約者のスマートフォンから見ることができます。24時間体制の監視サービスや、緊急時のアシスタントサービスも提供し、契約者が自ら対応できない場合の応対も行っています。各種センサーからの情報とアシスタントサービスの提供で、契約者の建物や家財の大きな被害を防ぎ、結果として保険金の支払いを少なくすることを狙っているのです。

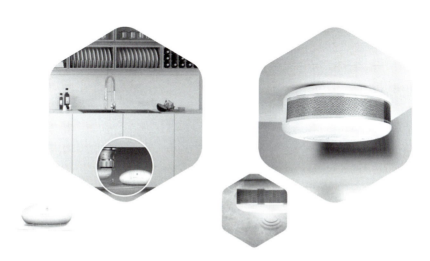

Neosが提供するセンサーの例。漏水センサー（左）、煙センサー（右）（Neosウェブサイトより）

生命・医療保険の可能性を広げるウェアラブル機器

生命保険・医療保険では、センサーを搭載したウェアラブル機器などから収集された、健康状態に関するデータを利用する保険商品が注目を集めています。

すでに導入されている保険商品としては、スマートフォンやウェアラブル機器を使って、保険加入者の歩数や心拍数のデータや健康に関する取り組みを収集し、健康になるほど得をするという「健康増進型保険」があります。東京海上日動あんしん生命保険が展開する「あるく保険」では、ウェアラブル機器と専用のスマートフォンアプリで保険加入者の毎日の歩数を計測し、1日平均8,000歩以上歩くと、2年後に保険料の一部がキャッシュバックされます。また、その日の歩数やこれまでの歩数の推移などをチェックしたり、体重を入力して自己管理に役立てたりもできます。

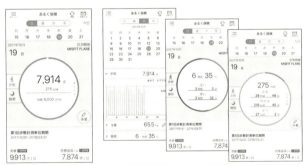

「あるく保険」アプリ画面。1日の歩数や消費カロリー、睡眠時間などが表示される
（東京海上日動あんしん生命保険ウェブサイトより）

住友生命保険は、ソフトバンクおよび、南アフリカ共和国で金融サービスを提供する企業Discoveryと共同して、2018年7月から「Vitality」（バイタリティ）という健康増進型保険の販売をスタートしています。これはDiscoveryが開発した健康増進プログラムがベースとなっていて、日々の健康増進活動をポイント化し、その累計によって保険料が変化したり、他の特典を得られたりします。健康増進プログラムには、健康診断の結果に加えて、検診・予防接種、運動（ウェアラブル機器で測定、ジムにチェックインなど）といった多様な項目があり、それぞれで点数が加算されるようになっています。

今後も、保険会社によるウェアラブル機器を使った新しいサービスの導入が進むと見られています。たとえば、ウェアラブル機器から入手したデータに基づき、顧客の健康リスクに関するアドバイスやコンサルティングを提供することが考えられます。従来よりも顧客との接点が増え、他の金融商品を提供するビジネス機会も増えるかもしれません。また、**体内埋め込み型センサー**(→p.154)などでウェアラブル機器が進化し、合わせて検査技術や診断技術が向上すると、従前より高度なデータ収集・分析ができ、これまで健康上のリスクが高く保険を提供できていなかった人に対しても、保険を提供できる可能性も出てきます。

このように、日々の生活の中であまり存在を意識させないことが多かった生命保険や医療保険ですが、今後はより前面に出て、人々の生活の改善をサポートしていくと考えられるのです。

column 3

損害保険におけるドローンの活用

最近、ニュースなどでよく取り上げられるものに「ドローン」があります。ドローンは、遠隔操作や自動操縦によって動く、人が乗らない航空機で、日本でも家電量販店などで販売されています。

今、このドローンが、損害保険の業務に積極的に活用されはじめています。代表的な利用方法は、嵐や雹（ひょう）・火事などによる屋根の被害状況の調査です。これまでは、調査員がはしごを使って屋根に上り、被害状況を確認していましたが、屋根の上は不安定で、落下などで調査員がけがをすることも多くありました。一方、ドローンを使うと、短い時間で大量の写真や動画を撮影でき、屋根の形状から調査員が目視で確認できないところの状況も把握できるようになります。

また、洪水や地震・山火事など、大規模な災害が起こったときの被害調査にも利用されています。これまで大規模な災害では、二次災害のリスクを避けるために、人の立ち入りが禁止されることも多く、被害調査をはじめるまでに長い時間が必要でした。一方、ドローンを使えば、災害直後から被害を調査することが可能です。

米国の損害保険会社の中には、連邦航空局の試験に合格した操縦士を数百名単位で雇用している企業もあります。今後は、ラジコン少年の目指す職業が「保険会社でのドローン操縦士」という時代が来るかもしれません。

Chapter [5]
Section [05]

インシュアテックと新しい保険の形

インシュアテックによる販売チャネルの変化

インシュアテックは、保険会社の既存の業務プロセスを改善するだけでなく、保険の新しいビジネスモデルの構築にもつながっています。そのひとつが保険の販売チャネルの変化です。

現在、保険の販売は、保険代理店（エージェント）や保険仲立人（ブローカー）に頼るところが大きいのですが、今後は、保険会社が顧客に直接に販売するダイレクト販売、特にオンライン販売の比率が上昇すると見られています。アクセスも、パソコンよりもスマートフォンやタブレット端末などを経由することが増加するでしょう。また、そうしたオンライン化・モバイル化の動きに加えて、「アグリゲーター」（Aggregator）や「ソーシャルブローカー」（Social broker）といった新しい販売チャネルの構築もはじまっています。

アグリゲーターは保険の価格比較サイトです。多数の保険会社の保険商品を集め、見積価格に基づいてリスト表示されており、顧客はさまざまな保険を比較しながら、効率的に必要な保険を見つけ出すことが可能です。特に英国では、この価格比較サイトの利用が進んでいますが、熾烈な価格競争につながっているという意見もあります。

ソーシャルブローカーは保険のオンライン仲介事業です。そのしくみは、インターネットやSNSをベースに、既存の保険商品では契約できないが保険ニーズがある顧客層を集め、類似したニーズを持つ顧客をグループ化し、顧客グループの代理人として保険会社と保険組成の交渉を行うというものです。

ソーシャルブローカーの利用によって、顧客は既存の保険商品では満たせない保険のニーズを満たすことができ、さらに集団として購買力を示すことで、保険料を安くさせることも可能になります。保険会社にとっても、新しい保険を提案・引き受けることができる大きな機会となり、また、その保険を購入したいという潜在的な顧客をまとめて獲得できるという点で大きなメリットがあるのです。

代表的なソーシャルブローカーに、英国の Bought by Many があります。さまざまな種類のペット保険からスタートし、美容治療・大工・市場トレーダーなど、さまざまな分野でグループが形成され、会員数は 50 万人を超えています。

ソーシャルブローカーのしくみ

「めずらしいペット」を飼う顧客をグループ化し、その代理人として保険会社と既存の保険商品では契約できない保険の組成交渉を行うソーシャルブローカー

グループで保険を組成する P2P 保険

フィンテックにおけるオンラインレンディングと似たしくみとして、保険にも利用者が集まるプラットフォーム型の保険があり、「P2P 保険」と呼ばれています。

P2P 保険では、複数の利用者が保険料を出しあい、自転車や家電といった特定の商品の破損・故障時などに保険金が支払われます。保険会社を通さないことで、ニッチな商品を対象とした保険の組成が可能であり、コストを抑えて純保険料の比率を高くできるのです。また、利用するメンバーが友達や知り合いなどで形成された場合、不正な保険金請求を行うと他のメンバーから非難されて、ネットワークから追放される恐れがあるため、従来の保険に比べて不正な請求の可能性が低くなると言われています。

P2P保険のしくみ

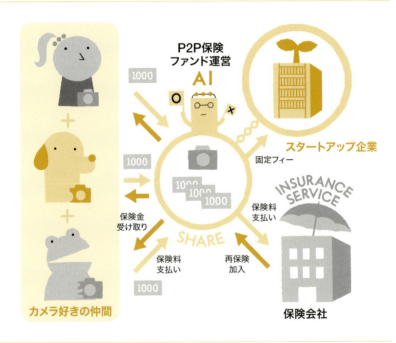

カメラ好きの仲間が、各自のカメラの破損・故障に備えて、スタートアップ企業が運営する P2P 保険ファンドに加入。スタートアップ企業は固定フィーを取って運営し、保険会社に再保険加入する

P2P 保険を手掛ける代表的なスタートアップ企業に、2015 年創業の米国企業 Lemonade があります。Lemonade は家財保険を提供していますが、そのしくみは、スマートフォンで保険をかけたい家具や家電の写真を撮り、住所や家のタイプ（賃貸・持家）などを入力するだけで、保険を契約できます。契約の手続きや保険金請求などは、すべてスマートフォンから行うことも大きな特徴です。保険金の請求は、スマートフォンのアプリからチャットボットで連絡をすると、同社の AI が詐欺対策アルゴリズムを走らせ、請求が認められれば、およそ 3 分以内に支払いが完了されるしくみになっています。

Lemonade では、加入時に未請求時の寄付先（非営利団体）を選択して、同じ寄付先の会員とグループを形成します。このグループ内で保険料を集め、請求があったときには保険金が支払われますが、1 年間、グループ内の誰からも請求がなかった場合は、指定した寄付先に寄付が行われます。同社は集めた保険料の 20％を固定フィーとして徴収しており、契約者への保険金の支払いが同社の収益と結びつかないため、保険金の支払いを渋ることがないとしています。

ドイツには、2010 年創業の P2P 保険のパイオニア企業 Friendsurance があります。同社のサービスでは、10 名程度が参加するグループで保険料をプールし、保険金の請求に対してプールされた保険金から支払いがなされます。現在、ドイツとオーストラリアにおいて事業を展開しており、ドイツでは自動車・住宅・家財など、幅広い分野を対象とし、オーストラリアでは自転車用の保険を展開しています。

英国では、Guevara が自動車を対象とした P2P 保険を展開していましたが、2017 年 9 月に破綻しました。自動車を対象としたため、1 件当たりの保険金支払い額が大きかったことなどが破綻の背景にあると言われています。

シェアリングエコノミーと相性の良いオンデマンド保険

これまでも、海外旅行保険のように、一定の期間に限って加入できる保険は提供されてきました。しかし、現在、保険の申し込み手続きにスマートフォンやパソコンを使うことで、スポーツやレジャー、旅行など、保険が必要な時間だけに限定して、手軽に利用することができる「オンデマンド保険」が増加しています。

日本国内の事例では、インシュアテックのスタートアップ企業 Warrantee（ワランティ）が、発売から 3 年以内のデジタルカメラ、アクションカメラに対して、24 時間単位で加入できる保険「WarranteeNow」を 2017 年から提供しています。WarranteeNow は、保険の加入から壊れた場合の損害報告まで、すべてスマートフォン上のアプリで行います。①保険に加入したい自分のカメラをアプリ上で検索、②補償プランを選択、③加入前の状態確認のために保険対象の動画（5 秒間）を撮影してアプリ上で送信、④クレジットカードを登録、⑤加入ボタンをスライドする、という簡単な手続きで加入手続きが完了するのです。

海外では、米国のスタートアップ企業 Trov が有名です。「Go Pro」（→p.154）や「iPad Air」といったデジタル機器について、対象物の故障・破損や紛失・盗難に対応する保険を提供しています。同社の保険では、スマートフォンのアプリの操作で、「対象物に対して保険がかかっている状態」と「かかっていない状態」を、簡単に変更することができます。そして、損害にあった場合、故障・破損であれば修理をし、紛失・盗難であれば同じモデルの製品が代わりに提供されます。また、詐欺などの不正をできる限り防ぐしくみをつくっています。

保険の重要な原則である「大数の法則」を維持しながら、このようなフレキシブルな対応ができる保険を提供するのも、さまざまなデジタルテクノロジーを活用しているからにほかなりません。

日本におけるオンデマンド保険の例

保険種類	保険の内容
1日レジャー保険	レジャーやゴルフなどに行く際、24時間単位で加入できる傷害保険。保険料500円で、けがなどを補償する。
1日自動車保険	親や友人など、他人名義の車で事故を起こした場合の損害を補償する自動車保険。保険料500円から契約できる。
山岳(登山)保険	レジャー保険の一種だが、遭難時の捜索・救助にかかる救援者費用の補償をつけた傷害保険。数百円の保険料で1泊や1か月単位の契約がある。
国内旅行保険	国内旅行の際、自宅を出発してから帰宅するまでの間の事故によるけがなどを補償する保険。

シェアリングエコノミーの普及は保険にも大きな影響を与えています。もともと所有者が自ら利用するために購入した住宅や自動車を活用するケースも多いシェアリングエコノミーですが、その場合、所有者が加入している自動車保険や住宅・家財保険は、所有者が利用していることを想定した損害補償を主な目的としています。しかし、シェアリングエコノミーでは、所有者以外の不特定多数の他人が、保険対象となる資産を利用します。よって、保険についても、利用者が何か事故を起こし損害を出したときの所有者に対する補償や、利用者が利用中にけがをした場合の補償など、異なるニーズが出てくるのです。サービスを利用する人も、何か事故を起こしたときに賠償責任を負わされるよりも、保険でリスクがカバーされているほうが、安心してサービスを利用できるでしょう。

また、シェアリングエコノミーは、提供者が使っていないときだけ、空いている時間だけ、サービスを提供することができるということも大きな特徴です。そのため、年単位で契約をする保険よりも、オンデマンド保険のように、必要なときだけ契約できる保険へのニーズが高くなります。

米国のSliceLabsは、シェアリングエコノミー向けのオンデマンド保険を提供していて、ホームシェアではAirbnb(→p.154)などに対応し、ゲストに部屋を提供するときだけ保険に加入することができます。また、UberやLyftのドライバーに向けて、スマートフォンと連動して、運転業務を行っているときだけ保険に加入するようなサービスの提供を目指してテストを続けています。

153

用語解説

▶ ERP（基幹系業務システム）

Enterprise Resources Planning の略。「情報の一元管理」「業務の効率化・スピード化」の実現を目的として、企業経営の基本となる資源要素（ヒト・モノ・カネ・情報）を適切に分配し、有効活用する計画。

▶ チャットボット（Chatbot）

「対話（chat）」と「ロボット（bot）」からなる造語。AIを活用した、会話のシミュレーションを行うコンピュータプログラム。ユーザーがメッセージを入力するか、オプションリストから選択すると、その内容に沿ってボットが応答する。

▶ ウェアラブル機器

メガネや時計のように、身につける電子機器のこと。「ウェアラブルデバイス」や「ウェアラブル端末」とも呼ばれ、スマートフォンやコンピュータと連携して、データ蓄積や解析を行う。ヘルスケアの分野では、血圧や脈拍・血糖値・脳波などのデータを蓄積する「ライフログデバイス」と呼ばれる機器が開発されている。

▶ 体内埋め込み型センサー

身につける「ウェアラブル」の進化・発展形として、体内に埋め込む「インプランタブル」のセンサーやデバイスが開発されている。長期にわたり連続的に血糖値や心電を計測することで、疾患の診断と治療に役立てることが可能になる。

▶ Go Pro（ゴープロ）

米国シリコンバレーのスタートアップ企業 Woodman Labs が開発した、小型軽量、防水設計のアクションカメラ。動きのあるアクションシーンや迫力ある景色を臨場感あふれる映像として残すことができ、番組撮影やSNSへの映像投稿が話題を呼んでいる。

▶ Airbnb（エアビーアンドビー）

米国サンフランシスコのスタートアップ企業。空いている部屋や家を貸したい人と、借りたい人とをマッチングさせるシェアリングエコノミーサービスを、インターネット上で提供している。2014年には、日本法人（Airbnb Japan）が設立された。

Chapter

フィンテックがもたらす
新しい金融と社会

キャッシュレス決済などの新しい金融サービスは、
インターネットやデジタル技術の発達により進化していますが、
プライバシーやセキュリティの確保が社会的課題です。

Chapter [**6**]

Section [**01**]

決済に気づかない世界

デジタルテクノロジーによる決済の変化

私たちが買い物をするとき、当たり前のこととして行ってきた「お金を払う」という行為が、フィンテックによって大きく変化しはじめています。カードやスマートフォンを利用した決済は、すでに私たちにも馴染み深くなっていますが、顔認証や音声認証、画像認識技術を利用した決済ともなると、これまでの買い物とはかなり異なる体験になってきます。

最大の変化は、レジなどでの精算が不要になることです。Chapter2 で紹介した Amazon Go の事例では、画像認識技術によって個人の行動と購買を結びつけることで、店舗から商品を持って出れば、自動的に精算がなされるようになっています。このように、これからの買い物は「お金を払う」という行為を意識することなく、支払いが済んでいるといったことが増えていくことでしょう。

こうした決済の変化は、店舗での買い物に限らず、さまざまなサービスの利用における決済でも起こります。たとえば、自動車を借りるときに、顔や音声で借り主を認証することができれば、鍵や代金の受け渡しをすることなく、駐車場で車に乗りこんでそのまま運転することが可能になります。ホテルでの宿泊やオフィスなどを借りる場合でも、ただ現地に行って利用すれば、利用時間や日数に応じて決済されるという流れになるかもしれません。今後、シェアリングエコノミーサービスがさらに普及する中で、こうした決済のあり方がますます注目されると考えられます。

顔認証や音声認証を利用した決済の課題

当然ながら、課題はまだまだ多く残っています。まず、顔認証や音声認証を使う場合、本人特定の精度が高くなければなりません。違った人に買い物の代金を請求するような事態になれば、その決済システムの信用を失ってしまうことになります。しかし、複数の認証を組み合わせて精度を上げる方法では、消費者に余計な手間と時間がかかり、導入のメリットが減ってしまう懸念があります。また、店舗にとっても、カメラやマイク、ソフトウェアなどを導入・運営する費用が大きな負担になってしまいます。

顔や音声の情報を本人認証に利用する場合、あらかじめ店舗などに情報を提供しておく必要があります。持って生まれた、変更することができない情報を、誰に提供するのかは、大変重要なテーマです。提供された情報が盗まれたり、不正に使われたりすることがないよう、提供された側には万全のセキュリティ体制が求められるのです。

こうした課題から、当面は従業員向けの店舗など、限られた人だけを対象にしたサービス展開が考えられます。2018年12月に、セブンイレブンがNECと共同で導入した顔認証によるキャッシュレス決済でも、NEC社員に限った利用から開始しています。このような実験的なサービスによって、技術的・社会的な課題を解決していきながら、徐々に利用できるシーンが増えていくことでしょう。

顔認証によるキャッシュレス決済のセブンイレブン実験店舗（写真提供：NEC）

Chapter **6**
Section **02**

信用スコア社会と高速融資

信用スコアの利用のメリット

金融の世界では、「期日通りにお金を支払える」「借りたお金を返せる」ことは大変重要で、取引相手が約束を破らない信用のおける個人や団体かどうかを見極めることが必要です。金融取引において、個人や団体が信用できるかどうかは、安定した収入や資産、それにつながる職業、消費行動などで判断されますが、これまでは、融資の申し込み時などに、金融機関が信用度の審査を行ってきました。

しかし今後は、常時さまざまな個人情報や企業情報を収集・分析して、客観的な信用度を数値化する「信用スコア」が、日本でも広く利用される可能性が高まっているのではないでしょうか。

信用スコアの作成では、キャッシュレス決済の普及や銀行のオープン API、インシュアテックの普及などによって、本人の許可があれば、客観的な収入・消費・資産に関する電子データを入手できる環境が整ってきます。利用者にとっては、金融サービスを利用するたびに、金融機関に情報を提供し、審査をしてもらう必要がなくなるため、金融サービスの利用が気軽になるでしょう。金融機関にとっても、個別の審査を大きく減らせるメリットがあります。

信用スコアの普及の可能性と課題

信用スコアを使った、オンラインレンディングの普及も見込まれます。「お金を借りる」という行為は心理的なハードルが高いものですが、信用スコアをもとに、常に融資の枠が提示されるような状況になり、スマートフォンで簡単に手続きができれば、お金を借りて消費をするという行動が増えるかもしれません。一方、投資家の立場から見ると、日本の預金金利は大変低く、高い利回りを求める投資家の選択の幅はあまり多くありません。

信用スコア作成のしくみ

信用スコアは、個人や企業の登録データと日常の金融・通信データなどをAIが分析し、数値としてスコア化され、融資枠の設定や特典の提供に反映される

このような状況に対し、きちんとしくみが整えば、「信用スコアの高い人や企業向けに、銀行よりも少し高い金利でお金を貸したい」、または「リスクは高いかもしれないが、信用スコアの低い人にそれなりに高い金利でお金を貸したい」というニーズにうまく合致して、オンラインレンディング向けに資金を提供する投資家も増えると考えられます。さらに、オンラインレンディングの市場が拡大すれば、ロボアドバイザーの投資対象の一環にもなり、投資家のリスク許容度に合わせて自動的に貸し出しを行うといったサービスも出てくるかもしれません。

一方、信用スコアやオンラインレンディングの普及には、技術の進化に加えて社会の受け入れ態勢の整備が不可欠です。信用スコアの低い人やスコアを取得していない人にとって、差別的な扱いにもつながる恐れも十分にあります。また、誰がどのように信用スコアをつくるのかも大きな課題でしょう。多くの個人情報を集めることから、そのセキュリティ確保も重要ですし、複数の機関・サービスで共有する場合、スコア作成方法の妥当性なども問われると考えられます。

Chapter **6**
Section **03**

いつでもどこでも何にでも保険

保険契約種目や期間・対応の変化

保険には、一定程度の母集団が必要ですが、保険会社が各国・地域で顧客を募集する従来からのやり方では、大きな母集団を形成できる種目は自動車や火災などに限られていました。しかし、インターネットとスマートフォンを通じて、より幅広い人々へのアクセスが可能になった現在は、一見ニッチに見える分野でも、保険のニーズを集めることができるようになっています。さらに、ソーシャルブローカーのように、人々が持っている保険への需要を積極的にくみあげていくビジネスも登場しています。今後は、思いがけないものに対する保険が続々と登場するかもしれません。

保険契約の期間も大きく変化するでしょう。申し込みがすべてスマートフォンを通じて行われ、契約のオン・オフも気軽にできるようになってきています。これまで年契約が当たり前だった保険は、どんどん短期間化することが予想されます。さまざまなシェアリングエコノミーが登場する中で、「所有」から「利用」という流れはさらに加速し、「利用している間だけ保険をかけたい」というニーズは、ますます増加します。シェアリングエコノミーなどでは、わざわざ申し込みをしなくても、利用している間だけは保険に加入した状態になることが普通になってくるでしょう。

事故が起きたときなどの対応も変わります。火災や自然災害などの損害調査ではドローンによる映像撮影が、自動車事故でもスマートフォンやドライブレコーダーによる撮影など、デジタルの画像や映像を使った損害調査が主流になってくると考えられます。これらの画像や映像はAIによって分析され、損害額が決定すると保険金の支払いはキャッシュレスで素早く行われるようになり、事故発生から保険金の支払いまでのスピードはかなり速くなることが予想されます。

保険の役割の変化

保険会社の役割も大きく変化するかもしれません。これまで保険会社は、何か事故が起きたときに、金銭面で利用者をサポートすることが主な役割でした。しかし今後は、自動車や住宅・ヘルスケアなどを中心に、IoTを活用してリスク情報を入手・分析し、事故を未然に防ぐということが、保険会社にとっての本業になる可能性があります。自動運転車の普及により自動車保険が不要になる可能性もある中で、保険会社も従来からある保険の提供にとどまらず、デジタルテクノロジーを活用した新しいサービスの提供を模索する必要がありそうです。

新しい保険サービスの提案

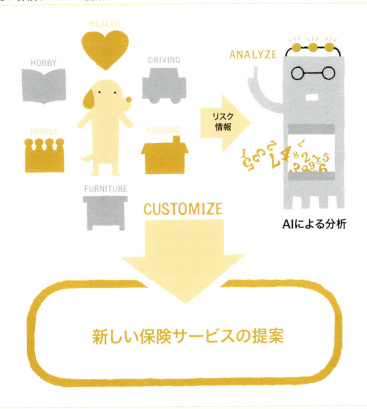

健康や家族、趣味など、個人がおかれた環境のリスク情報を、デジタルテクノロジーで入手・分析することで、事故を未然に防ぐ新しい保険サービスの提案が期待される

Chapter	6
Section	04

金融データが生み出す新しいサービス

趣味嗜好を明確に表す金融データ

フィンテックの特徴は金融のデジタル化であり、フィンテックサービスの普及によって、さまざまな金融取引の情報が電子データとして残ることになります。

たとえば、キャッシュレス決済の普及によって、「誰がどこで何を買ったのか」というデータが大量に収集されるようになります。保険の加入もオンデマンドになると、「いつ自動車に乗っているのか」「どのようなスポーツをいつやるのか」「大切にしているモノは何で、どのように使っているのか」というようなデータが集められるでしょう。そして、オープンAPIなどにより、他の企業が持つデータも利用しやすくなります。また、Super Appsのように、決済や保険のみならず、eコマースやコミュニケーションツールなど、多くのサービスを提供する企業は、利用者の1日の行動のほとんどを把握するようなことも十分にあり得るのです。

こうしたデータは、利用者の趣味嗜好を明確に表すと考えられることから、その利用者に何かを提供したい企業は、より受け入れられやすいと予想されるものを選んで提案することが可能になります。さらにビジネスの上流では、こうした多くのデータを分析することで、多くの顧客に受け入れてもらえそうなものや、顧客数は限られるが熱狂的なファンがつきそうなものなど、新しい製品・サービスを開発する際の有用な情報とすることができるのです。

このように、私たちの日常の何気ない行動が、誰かによって分析されることで、「欲しかった」「必要だった」「何となく好きな」モノやサービスを勧められることが増えてくるでしょう。

サービス利用者の趣味嗜好などを表すデータの流れ

キャッシュレス決済やSNS、eコマースなどの利用によるデジタルデータの履歴は、年齢層や趣味嗜好を表すデータとしてメーカーなどに提供・分析されて、商品・サービスの開発に活かされる。また、知らず知らずのうちに、利用者に相応しい商品・サービスの情報が提供されている

金融データによる信用判断や犯罪捜査

また、オンラインレンディングや信用スコアにおいては、コンピュータが個人や企業の信用状況を判断するために必要な、基本データの多くが提供されます。

政府や監督機関にとっては、金融取引が電子データで残れば、それをプログラムによって分析することが可能になり、マネーロンダリングなどの犯罪捜査を効率的に行うことができます。また、リアルタイムな取引情報を把握することもできるため、問題が起きたときの対応スピードも速くなるでしょう。

Chapter **6**
Section **05**

仮想通貨とブロックチェーンの未来

仮想通貨の可能性

2017年までの急激な価格上昇と2018年以降の大幅な下落を経た現在、仮想通貨が金融サービスで果たす役割はどういったものなのでしょうか。

法定通貨の代わりとして広く受け入れられることは、すぐにはなさそうです。また、株式や債券（社債）であれば発行した企業があり、企業の収益力や保有する資産などに基づいた価値を考えることが可能ですが、仮想通貨はそうした裏付けとなる実体がありません。値上がりを目指してつくられた多くの仮想通貨も、大幅に値下がりしまうと流動性がなくなってしまい、生き残るのはいくつかの仮想通貨だけということも十分にあり得る話でしょう。

ビットコインやイーサリアム、リップルといった主要な仮想通貨に関しては、価格が安定してくれば、海外送金などでもっと利用が進む可能性があります。また、大変多くの課題を抱えていますが、ICOなど新しい資金調達の手段としても存在していくと考えられます。

応用の可能性を秘めたブロックチェーン

一方、ブロックチェーンは仮想通貨に使われる基盤技術としてスタートしましたが、仮想通貨以外にもさまざまな応用が考えられており、実際にプロジェクトも動いています。仮想通貨以外の金融分野では、証券取引への利用や貿易金融での利用などで、いくつか実証実験が進められています。金融分野以外では、不動産の登記や食品のトレーサビリティなどが考えられ、英国のEverledgerは、ダイヤモンドの取引履歴を管理するしくみを提供しています。こうした応用の可能性の大きさから、ブロックチェーンは大変な技術革新であるという見方もなされています。

ブロックチェーン技術の展開が有望な事例とその市場規模

分野	事例	ブロックチェーン活用	市場規模
価値の流通・ポイント化 プラットフォームのインフラ化	● 地域通貨 ● 電子クーポン ● ポイントサービス	自治体等が発行する地域通貨を、ブロックチェーン上で流通・管理	1兆円
権利証明行為の 非中央集権化の実現	● 土地登記 ● 電子カルテ ● 各種登録 （出生・婚姻・転居）	土地の物理的現況や権利関係の情報を、ブロックチェーン上で登録・公示・管理	1兆円
遊休資産ゼロ・ 高効率シェアリングの実現	● デジタルコンテンツ ● チケットサービス ● C2Cオークション	資産等の利用権移転情報、提供者／利用者の評価情報をブロックチェーン上に記録	13兆円
オープン・高効率・高信頼な サプライチェーンの実現	● 小売り ● 貴金属管理 ● 美術品等真贋認証	製品の原材料から製造過程と流通・販売までを、ブロックチェーン上で追跡	32兆円
プロセス・取引の 全自動化・効率化の実現	● 遺言 ● IoT ● 電力サービス	契約条件、履行内容、将来発生するプロセス等をブロックチェーン上に記録	20兆円

平成27年度 我が国経済社会の情報化・サービス化に係る基盤整備（ブロックチェーン技術を利用したサービスに関する国内外動向調査）報告書概要資料（経済産業省）より抜粋・引用

しかし、今のところ、仮想通貨以外にブロックチェーンが何か大きな変化をもたらした事例は、まだ少ないように思います。利用が検討されている多くの用例についても、従来のICTシステムに比べて、コスト面や使いやすさ・安全性などの明確なメリットを打ち出す必要があるでしょう。ブロックチェーンを使わないとできない、すばらしいサービスが提供されることに期待したいと思います。

| Chapter | [6] |
| Section | [06] |

プライバシー確保と
セキュリティは大きな課題

企業に求められる利用者のプライバシー確保

フィンテックの利用が進めば進むほど、さまざまな金融取引の情報が電子データとして残ることになります。そして、そのデータを分析することが、新しい金融サービスの提供につながっています。特に、信用スコアの作成などでは、かなり広範なデータの収集が必要になると考えられます。従って、私たちがより新しい便利なサービスを使いたいと思えば、それを提供する企業が私たちのデータを利用することを、ある程度は受け入れる必要があるでしょう。

ただ、そうは言っても、「いつどこで何を買ったのか」というような履歴データは、あまり人に知られたくないのが当然の感情です。そこで、情報を収集する企業は、どのような情報を集めて何のために使うのかを利用者にきちんと説明し、利用者から依頼があれば、データを消すといった対応も必要になるでしょう。

また、フィンテックでは、スタートアップ企業など多様な企業がつながってサービスを提供しているため、関係する企業同士で取得したデータを共有することも多くなります。そうした第三者への情報の提供については、きちんと本人の同意を確保するといった配慮が必要になり、匿名化などによって不必要な個人の特定を避けることも重要でしょう。

一方、インシュアテックが進むと、遺伝情報などから先天的な疾患のリスクがわかり、保険に加入できない、もしくは極端に高い保険料を要求されるようなこともあるかもしれません。こうした事態を避けるため、政府や業界団体などが、一定の救済手段を設けることなどを検討する必要があります。

動きはじめる利用者主導の情報管理

企業による情報収集を受動的に受け入れるだけでなく、私たちが能動的に自らの情報を管理し、生活を便利にするために使おうという動きもあります。

特に注目を集めているのは、購買履歴や位置情報、健康情報など、さまざまな個人情報を、個人との契約に基づいて一括で管理する「情報銀行」や、そのデータを取引する「データ取引市場」といった新しいしくみです。日本では、2019年から事業者の審査・認定がはじまり、三菱UFJ信託銀行や電通グループ、日立製作所などが参入を表明しています。

収集される情報の種類や活用方法、また利用者が情報銀行のサービスを簡単に利用するためのツールの開発など、まだまだこれからつくり上げることが多い状況ですが、今後の本格的な普及が予想されています。また、情報提供の対価として、個人に報酬が入るしくみがつくられる可能性もあるため、私たちの普段の買い物がちょっとしたお小遣いの獲得につながるようになるかもしれません。

情報銀行のしくみ

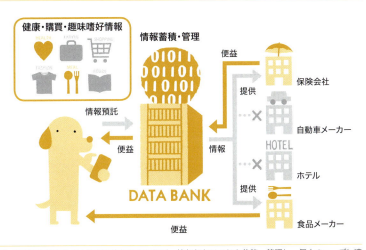

健康や購買・趣味嗜好などの個人情報を情報銀行に預託。情報銀行はそれを蓄積・管理し、個人のニーズに適した事業者を選別して情報を提供する。情報提供を受けた事業者は商品・サービス開発に活かし、個人または社会全体に便益を還元する

求められるセキュリティ意識の高まり

プライバシーの確保と同様に、収集した情報のセキュリティも大変重要です。金融に関わる情報が漏洩した場合、より経済的な被害に結びつきやすくなります。また、顔や音声など生体認証では、生まれ持った特徴を利用するため、何かトラブルがあっても変更することができないという課題もあります。収集した情報を安全に管理し、情報へのアクセスもルールをきちんと定めるなど、しくみづくりが不可欠です。

セキュリティを確保するためのしくみづくりにおいて、企業の意識は大変重要です。QRコード決済のPayPayでは、クレジットカードのセキュリティコードを何度も入力することが可能なしくみになっていたため、カードの不正利用が相次ぎました。このように、複雑なサイバー攻撃でなくとも、しくみの設計ミスを悪用され、被害が出てしまうことがあります。

今後は、ビジネスを検討する段階からセキュリティについて意識し、システムの開発段階からセキュリティ対策を実施する、「セキュリティ・バイ・デザイン」の考え方が求められると言えます。また、万が一、事故が起きてしまったときに、一般利用者の被害を救済するしくみづくりも求められるでしょう。保険などを活用して、あらかじめしくみを構築しておくことで、財務基盤の弱いスタートアップ企業のサービスも安心して利用できるようになると考えられます。

サイバーセキュリティ対策による経済的被害の防止

セキュリティ対策の大きな課題のひとつは、サイバー攻撃への対処です。現実に、数百億円規模の仮想通貨の盗難被害が発生するなど、けた違いに大きな金額の被害が出ることもあるのです。人材や資金力に限りがあるスタートアップ企業でも、十分なサイバーセキュリティ対策が求められます。

また、クラウドの利用が一般化する中で、第三者に対する攻撃にもかかわらず、自らの事業に被害が出てしまうことも考えられます。パートナー企業がどのようなセキュリティ対策をしているかにも、気を配る必要があるでしょう。サイバー

セキュリティの対応では、金融機関やフィンテックのスタートアップ企業も含めた、情報共有・分析の機能が重要になります。

日本には、金融機関によるサイバーセキュリティに関する情報の共有および分析を行い、金融システムの安全性の向上を推進することにより、利用者の安心・安全を継続的に確保することを目的として設立された「金融ISAC」のようなサイバーセキュリティに関する情報共有のしくみがすでにありますが、こうした既存の組織を拡充し、業界として対応を強化することも重要だと考えられます。

また、こうした対策を進めるうえで、人材育成は欠かせません。金融機関には金融の知識は豊富な人々が多くいますが、サイバーセキュリティの知識となると、かなり限られてしまうのが現状ではないでしょうか。専門家の採用に加えて、社内・パートナー企業による教育や業界の資格制度の整備、最新事例を紹介する講習会、他社との人材交流など、さまざまな対応を進めていくことが重要になっていくでしょう。金融機関で就職するためにサイバーセキュリティを学ぶなど、金融機関が求める人材の姿も大きく変化する中で、働き手の意識にも変化が求められそうです。

サイバー攻撃に対するセキュリティ対策

さくいん

A〜Z

AI(人工知能)…022, 023, 044, 045, 046, 047, 052, 053, 058, 090, 106, 130, 136, 137, 138, 140, 141, 151, 159, 160, 161

AIスピーカー…023, 034, 044, 140

Airbnb…153, 154

Alexa(アレクサ)…023, 044, 045

Alipay(アリペイ, 支付宝)…042, 043, 047, 055, 086, 087, 089, 112, 114, 115, 116, 126

Alphabet Inc.(アルファベット)…085

Amazon…023, 044, 045, 046, 078, 084, 085, 106, 123

Amazon Cash…084

Amazon Echo(アマゾンエコー)…044, 045, 140

Amazon Go…046, 047, 084, 156

Amazon Lending…084

Amazon Pay(アマゾンペイ)…084, 126

Ant Financial(アントフィナンシャル)…083, 087

Apple…084, 085, 106

Apple Pay(アップルペイ)…010, 085, 108

Barclays(バークレイズ)…092, 098

Basel Ⅲ(バーゼルⅢ)…026, 032

Betterment…059, 060

BINGO BOX…047

Bluetooth(ブルートゥース)…018, 019, 032, 039

Brexit(ブレグジット)…081, 104, 118

China Leading Fintech50…103

Clova(クローバ)…044

coin…127

Coiney(コイニー)…125

Copenhagen FinTech Lab…098

creww(クルー)…099

Deutsche Bank(ドイチェバンク)…092

eコマース…020, 021, 022, 032, 041, 042, 044, 045, 052, 055, 067, 085, 086, 088, 089, 109, 113, 114, 115, 116, 162, 163

ECサイト…084, 104

Enigma(エニグマ)…072

ERP(基幹系業務システム)…139, 154

ETF(Exchange Traded Fund, 上場投資信託)…058, 059, 060

Facebook…020, 084, 085, 106, 112

FICOスコア…054, 055, 109

The FinTech50…103

FinTech100…103

FinTechサポートデスク…101, 129

FinTechセンター…101

The Forbes Fintech50…103

FTIG(FinTech & Innovation Group)…101

GAFA(ガーファ)…079, 084, 085, 086, 106

Goldman Sachs(ゴールドマンサックス)…093

Google…044, 078, 084, 085, 097, 106, 112, 123

Google Assistant(グーグルアシスタント)…044

Google Home(グーグルホーム)…044

Google Pay(グーグルペイ)…010, 085, 108, 126

Google Ventures…085

Go Pro…152, 154

ICO(Initial Coin Offering, イニシャル・コイン・オファリング)…074, 075, 111, 164

ICOCA(イコカ)…010, 038, 126

ICT(Information and Communication Technology)…011, 014, 016, 022, 024, 061, 078, 084, 090, 093, 110, 123, 136, 139, 165, 169

ICカード…010, 011, 032, 038, 039, 041, 126

IDC FinTech Rankings Top 100 & Enterprise 25…103

Innovation Hub…101, 123

IoT(Internet of Things)…097, 104, 130, 136, 142, 161, 165

JPMorgan Chase(JPモルガン・チェース)…015, 081, 091, 108

J.Score(Jスコア)…055, 128

Jumpstart Our Business Startups(JOBS)法…110, 130

Jコイン(-Coin)…127

Jコインペイ…127

Kabbage…081, 091, 110

KYC(Know Your Customer)…065

Lending Club…081, 091, 097, 109, 110

Level 39…098

LINE…044, 129

LINE Pocket Money…129

LINE Score…129

LINEペイ…126

Marcus(マーカス)…093

Messenger…085

MobilePay(モバイルペイ)…120, 121

Monzo…122, 123

mPOS(エムポス)…040, 041, 107

MUFG Digitalアクセラレーター…099

MYbank(マイバンク)…055, 087, 114

nanaco(ナナコ)…038, 126

Neos…145

NFC(Near Field Communication)…018, 019, 032, 039, 040, 041, 126

Office of Innovation…111

OnDeck…081, 091, 110

One97 Communications…089

Origami Pay（オリガミペイ）…126

P2P（Peer to Peer）送金サービス…012, 040, 042, 108, 120

P2P保険…150, 151

P2Pレンディング…114, 116, 117, 123

PASMO（パスモ）…126

PayPal（ペイパル）…081, 097, 104, 108

PayPay（ペイペイ）…043, 126, 168

Paytm（ペイティーエム）…078, 089

Paytm Mall…089

PFM（Personal Financial Management）…012, 081

PINコード…039, 076

Plug and Play Tech Center…097

POS…036, 040, 076, 119

QQ…088

QQウォレット…088

QRコード…018, 019, 032, 040, 041, 042, 043, 046, 047, 084, 086, 087, 088, 089, 113, 114, 117, 126, 127, 168

RPA（Robotic Process Automation）…137, 138, 139

Skill（スキル）…044, 140

SliceLabs…153

smile to pay…047

SoFi…081, 110

Square（スクエア）…081, 107, 125

Suica（スイカ）…010, 038, 126

Super Apps（スーパーアップス）…078, 079, 086, 114, 162

SWIFT…063, 076

Taobao（タオバオ、淘宝）…086

TechCity構想…123

THEO（テオ）…060, 061

Tmal（テンマオ、天猫）…086, 104

Tractable…141

TransferWise…063, 064, 065, 081

Twitter…020, 107, 112

Uber（ウーバー）…048, 153

UBI（Usage-Based Insurance）…143, 144

Venmo（ベンモー）…108, 109

Vitality（バイタリティ）…146

WAON（ワオン）…038, 126

Warrantee（ワランティ）…152

Wealthfront…059, 060, 081

WealthNavi（ウェルスナビ）…058, 060

WeBank…088, 115

Webスクレイピング…095

WeChat（ウィーチャット）…088

WeChat Pay（ウィーチャットペイ、微信支付）…042, 047, 086, 088, 089, 114, 126

Western Union…064

X-Tech（クロステック、エックステック）…016, 017, 018, 078, 080

Zelle（ゼル）…108

あ

アーリーステージ…075, 076

アクセラレーター…079, 092, 096, 097, 098

アグリゲーター（Aggregator）…148

アグリテック（AgriTech）…016, 017

アドバイス型…058

アプリ…012, 018, 019, 029, 040, 042, 043, 044, 046, 048, 049, 078, 087, 088, 089, 094, 108, 109, 116, 117, 120, 121, 122, 126, 130, 143, 146, 152

アリババ（Alibaba）グループ…042, 047, 055, 078, 080, 083, 086, 087, 088, 089, 104, 114, 115, 117

あるく保険…146

アルゴリズム…109, 130, 151

アルトコイン（altcoin）…066, 069

イーサリアム（Ethereum）…069, 164

医療保険…132, 134, 146, 147

インキュベーター…079, 092, 096, 097, 098

インシュアテック（InsurTech）…016, 017, 023, 132, 133, 136, 137, 148, 152, 158, 166

インターネットMMF…087, 088, 104, 115, 116

ウェアラブル端末（ウェアラブル機器、ウェアラブルデバイス）…017, 018, 019, 032, 045, 142, 146, 147, 154, 154

英国歳入関税庁（HMRC）…123

エコシステム…078, 079, 099, 101, 106, 136, 137, 142

エドテック（EdTech）…016, 017

エンジェル投資家…050, 076

欧州中央銀行（ECB）…118

欧州連合（EU）…068, 095, 104, 118

オープンAPI（Application Programming Interface）…094, 095, 129, 158, 162

音声認証…045, 156, 157

オンデマンド保険…152, 153

オンラインレンディング…012, 022, 030, 050, 051, 052, 053, 054, 055, 056, 081, 087, 088, 090, 109, 110, 114, 123, 124, 128, 150, 158, 159, 163

か

カーシェアリング（カーシェア）…044, 049, 073, 144

海外送金…012, 030, 062, 063, 064, 065, 073, 081, 124, 164

顔認証…047, 156, 157

家計管理…012, 013, 015, 019, 081, 122

家計簿アプリ…094, 095

家財保険…132, 151, 153

171

仮想通貨…012, 013, 015, 066, 067, 069, 070, 072, 073, 074, 075, 102, 111, 164, 165, 168
画像認識技術…046, 156
株式型…057, 110, 130
機械学習（マシンラーニング）…023, 093
起業家…074, 075, 104
規制のサンドボックス（Regulatory Sandbox）…100, 101, 123
寄付型…057
キプロス危機…068
キャッシュレス…012, 018, 031, 034, 036, 037, 038, 047, 048, 065, 107, 118, 119, 120, 121, 124, 125, 126, 127, 129, 130, 157, 158, 160, 162, 163
キャッシュレス推進協議会…127, 130
キャッシュレス・ビジョン…125, 130
金融ISAC…169
金融危機…026, 109
金融行為規制機構（FCA）…101, 123
クラウドコンピューティング（クラウド）…020, 021, 080, 084, 090, 106, 168
クラウドファンディング…015, 030, 049, 050, 051, 056, 057, 074, 081, 110, 111, 128, 129, 130
クラウドマイニング…072
クレジットカード…010, 011, 012, 032, 034, 038, 040, 041, 046, 049, 054, 055, 081, 084, 107, 108, 109, 113, 125, 126, 128, 152, 168
クレジットビューロー…054
決済…010, 012, 013, 014, 015, 028, 034, 035, 036, 037, 039, 040, 042, 043, 044, 045, 046, 047, 048, 078, 080, 081, 084, 085, 087, 089, 104, 107, 108, 111, 115, 117, 118, 119, 120, 126, 127, 132, 136, 156, 157, 162
決済サービス指令…095, 104, 118
健康増進型保険…146
硬貨（貨幣）…010, 034, 036, 037, 066, 067
購入型…057, 074, 111
国際送金サービス事業者…062, 063, 064, 065
国法銀行…111, 130
コネクテッドカー…142, 143
コルレス銀行…063, 076

さ

サイバー攻撃…168, 169
サイバーセキュリティ…168, 169
サブプライム層（サブプライム）…026, 027, 032, 055
シードステージ…075, 076
芝麻信用（ZHIMA CREDIT、ジーマクレジット）…055, 087
シェアリングエコノミー…048, 049, 114, 152, 153, 154, 156, 160

ジェネレーションZ…025
資金決済（ホールセール決済）…034
資産運用…012, 013, 015, 024, 058, 061, 087, 088, 115, 116, 132, 135, 136
地震保険…132, 134
自動車保険…132, 134, 143, 153, 161
紙幣（銀行券）…010, 034, 036, 037, 066, 070, 114, 125
死亡保険…134
純保険料…133, 150
招財宝（ジャオツァイバオ）…087
傷害保険…134, 153
証券取引委員会（SEC）…075, 110, 111
情報銀行…167
シンガポール金融管理庁（MAS）…101
信用スコア（クレジットスコア）…054, 087, 109, 115, 128, 158, 159, 163, 166
スタートアップ企業…014, 015, 016, 020, 024, 026, 027, 031, 059, 074, 075, 076, 078, 079, 080, 081, 082, 085, 090, 092, 093, 094, 095, 096, 097, 098, 099, 100, 101, 102, 103, 106, 109, 118, 123, 126, 130, 136, 137, 144, 150, 151, 152, 154, 166, 168, 169
スマートホーム（スマートハウス）…142, 145
生存保険…134
生命保険…134, 135, 146, 147
セキュリティ…014, 036, 157, 159, 166, 168, 169
接触型…039, 125
送金…012, 013, 014, 015, 030, 034, 062, 065, 085, 086, 089, 094, 102, 108, 109, 120, 121, 122
ソーシャルストリーム…108, 109
ソーシャルネットワーキングサービス（SNS）…020, 021, 042, 045, 052, 084, 086, 088, 109, 129, 148, 154, 163
ソーシャルブローカー（Social broker）…148, 149, 160
損害調査…135, 140, 160
損害保険…134, 135, 141, 145, 147

た

第三者決済サービス…086, 087, 088, 113, 114, 117
第3分野の保険…134
大数の法則…132, 136, 152
体内埋め込み型センサー…147, 154
タブレット端末（タブレット）…018, 040, 041, 107, 119, 136, 138, 148
チャットボット…140, 151, 154
チャレンジャーバンク…122, 130
直接融資型…052, 053, 110, 114
通貨監督庁（OCC）…111, 130
ディープラーニング…023

データ取引市場…167
デジタルオンリーバンク…122, 123
デジタルサイネージ…047, 076
デジタルネイティブ…024
デビットカード…034, 038, 040, 041, 049, 084, 107, 120, 122
テレマティクス自動車保険…143
電子マネー…010, 011, 038, 041, 125, 126, 127
テンセント(Tencent)…042, 078, 080, 086, 088, 115, 116, 117
東京海上日動あんしん生命保険…146
投資一任運用型…058
独身の日セール…086, 104
ドッド・フランク法…026, 032
ドローン…147, 160
ドングル型…040, 041, 076

な

ナンス…071
野村アクセラレータープログラムVOYAGER
　(ボイジャー)…099

は

バイドゥ…115, 116
ハッシュ値…071, 072
引受査定…135, 140
非接触型(コンタクトレス)…039, 125
ビッグデータ…020, 021, 022, 130, 136
ビットコイン(Bitcoin)…013, 066, 067, 068, 069, 070, 071, 164
ビットコインキャッシュ(Bitcoin Cash)…069
表定保険料…133
フィンテック(FinTech)…010, 011, 012, 013, 014, 015, 016, 017, 018, 019, 020, 021, 022, 024, 025, 026, 027, 028, 029, 030, 031, 034, 036, 038, 050, 052, 053, 061, 062, 063, 064, 065, 078, 079, 080, 081, 082, 083, 084, 085, 086, 087, 088, 091, 093, 094, 096, 097, 099, 100, 101, 102, 103, 104, 106, 108, 111, 112, 115, 116, 117, 118, 122, 123, 124, 129, 130, 132, 136, 137, 150, 156, 162, 166, 169
付加保険料…133
プラットフォーム型…052, 053, 110, 114, 150
プリペイドカード…034, 038
ブロックチェーン…069, 070, 071, 073, 074, 127, 164, 165
分散型台帳技術…070
ペーパーレス化…137, 138
ヘルステック(HealthTech)…017
ベンチャーキャピタル…050, 074, 076, 082, 083

法定通貨…013, 036, 068, 075, 164
保険金…132, 133, 135, 136, 137, 138, 141, 144, 145, 150, 151, 160
保険契約者…132, 133, 135, 137
保険者…132
保険代理店(エージェント)…135, 137, 148
保険仲立人(ブローカー)…135, 148
保険料…132, 133, 135, 136, 140, 143, 144, 146, 149, 150, 151, 153, 166
ホワイトペーパー…074, 075
紅包(ホンバオ)…088

ま

マイナー…072
マイニング…072
マネーロンダリング(資金洗浄)…036, 037, 065, 102, 163
未来投資戦略2017…124, 129, 130
ミレニアル世代(Millennial Generation)…024, 025
メンター…096, 098, 104
メンティ…104
モバイルウォレット…040, 041, 085, 108, 126
モバイル端末…040, 107

や

融資…012, 013, 014, 015, 020, 022, 026, 027, 028, 030, 050, 051, 052, 053, 074, 076, 080, 084, 085, 087, 091, 109, 110, 111, 114, 123, 128, 129, 132, 136, 158
余額宝(ユエバオ)…087, 115, 116
ユーロ(EURO)…068, 095, 118

ら

ライフログデバイス…154
楽天Edy(エディ)…038, 126
楽天ペイ…043, 126
リーマンショック…026, 027, 032, 109
リップル(Ripple)…069, 164
リテール決済…034, 035
利用者間決済…035
レッグテック(RegTech)…016, 017
連邦準備制度理事会(FRB)…111
ロボアドバイザー…012, 021, 022, 030, 058, 059, 060, 061, 081, 090, 091, 116, 124, 159

■ 参考書籍

『After Bitcoin　アフター・ビットコイン —— 仮想通貨とブロックチェーンの次なる覇者』
　　中島真志、新潮社、2017年
『AI化する銀行』
　　長谷川貴博、幻冬舎、2017年
『図説　生命保険ビジネス』
　　望月琢彦・古賀輝行・岩本堯・鈴木治・小島修矢・佐藤泰夫・森川勝彦、金融財政事情研究会、2014年
『図説　損害保険ビジネス　第3版』
　　鈴木治・岩本堯・小島修矢・川上洋、金融財政事情研究会、2018年
『チャイナ・イノベーション —— データを制する者は世界を制する』
　　李智慧、日経BP社、2018年
『デス・バイ・アマゾン —— テクノロジーが変える流通の未来』
　　城田真琴、日本経済新聞出版社、2018年
『なぜ、日本でFinTechが普及しないのか —— 欧米・中国・新興国の金融サービスから読み解く日本の進む道』
　　大平公一郎、日刊工業新聞社、2018年

■ 写真提供

大平公一郎、Viibar、Genesis Mining、Venmo、Monzo、Coiney、Tractable、
The Progressive Insurance、Neos、東京海上日動あんしん生命保険、NEC（順不同、敬称略）

著者略歴	**大平公一郎** おおひら・こういちろう 国際社会経済研究所調査研究部主幹研究員。米国公認会計士（Certified）、日本証券アナリスト協会認定アナリスト。関西学院大学法学部卒業後、証券会社での証券アナリスト業務を経て、2004年にNEC総研（現在は国際社会経済研究所）に入社。ICT市場動向調査、ICT企業の事業戦略調査などを担当し、現在は海外のフィンテック最新動向を主テーマに調査研究活動を行っている。著書に『アジアの消費』（ジェトロ、共著）、『なぜ、日本でFinTechが普及しないのか』（日刊工業新聞社）がある。
イラスト・カバーデザイン	小林大吾（安田タイル工業）
紙面デザイン	阿部泰之

やさしく知りたい先端科学シリーズ4

フィンテック FinTech　2019年6月10日　第1版第1刷発行

著　者	大平公一郎
発　行　者	矢部敬一
発　行　所	株式会社 創元社
本　社	〒541-0047 大阪市中央区淡路町4-3-6 電話 06-6231-9010（代）
東京支店	〒101-0051 東京都千代田区神田神保町1-2 田辺ビル 電話 03-6811-0662（代）
ホームページ	https://www.sogensha.co.jp/
印　　刷	図書印刷

本書を無断で複写・複製することを禁じます。乱丁・落丁本はお取り替えいたします。
定価はカバーに表示してあります。
©2019 Koichiro Ohira　　Printed in Japan
ISBN978-4-422-40036-5 C0340
[JCOPY]〈出版者著作権管理機構 委託出版物〉
本書の無断複製は著作権法上での例外を除き禁じられています。
複製される場合は、そのつど事前に、出版者著作権管理機構（電話 03-5244-5088、FAX 03-5244-5089、e-mail: info@jcopy.or.jp）の許諾を得てください。

本書の感想をお寄せください
投稿フォームはこちらから ▶▶▶

やさしく知りたい先端科学シリーズ1
ベイズ統計学
松原 望 著

18世紀に生まれたベイズ統計学は、あらゆるものを数値化できる実用性が見直され、近年注目を浴びている。統計学は数学が苦手では理解できないものとされ、実際に計算する際は確かにそうであるが、基本のしくみを知るだけでも有益で人を選ばない。本書では理論や計算を最大限イラスト化し、日常生活に即した親しみやすい実例を挙げ、やさしく解説する。話題の先端科学に触れたいという知的好奇心に応えるイラスト図解シリーズ第1弾。

A5判・並製
176ページ、定価（本体1,800円＋税）
ISBN978-4-422-40033-4 C0340

やさしく知りたい先端科学シリーズ2
ディープラーニング
谷田部 卓 著

ディープラーニング（機械学習、深層学習）はAI、人工知能の急速な進化に寄与している。知能とは何かを問うということは、人間の考え方や視覚、聴覚、言語といった普段なにげなく使っている感覚と脳の関係を一から考え直すことにほかならない。本書はディープラーニングとはどういう技術なのか、そのしくみと最新の動向をわかりやすい文章とイラストで解説する。話題の先端科学に触れたいという知的好奇心に応えるイラスト図解シリーズ第2弾。

A5判・並製
176ページ、定価（本体1,800円＋税）
ISBN978-4-422-40034-1 C0340

やさしく知りたい先端科学シリーズ3
シンギュラリティ
神崎 洋治 著

シンギュラリティ（Singularity）とは、人工知能（AI）が人間の能力を超えることで起こる「技術的特異点」のことをいう。ロボット技術がさらに進化し、大変革が起こって後戻りできない世界に突入すると、人類はどうなるのか——。本書はシンギュラリティの実例と最新の動向をわかりやすい文章と写真・イラストで解説し、近未来に訪れる世界を多角度から描き出す。話題の先端科学に触れたいという知的好奇心に応えるシリーズ第3弾。

A5判・並製
192ページ、定価（本体1,800円＋税）
ISBN978-4-422-40035-8 C0340